特征工程训练营

[美] 希南·奥兹德米尔(Sinan Ozdemir)　著

殷海英　译

清华大学出版社

北　京

北京市版权局著作权合同登记号　图字：01-2024-2611

Sinan Ozdemir
Feature Engineering Bookcamp
EISBN: 978-1-61729-979-7
Original English language edition published by Manning Publications，USA © 2022 by
Manning Publications. Simplified Chinese-language edition copyright © 2024 by Tsinghua
University Press Limited. All rights reserved.

图书在版编目(CIP)数据

特征工程训练营 /（美）希南·奥兹德米尔
(Sinan Ozdemir)著 ；殷海英译. -- 北京 ：清华大学
出版社, 2024. 8. -- ISBN 978-7-302-66909-8
　Ⅰ. TP181
中国国家版本馆 CIP 数据核字第 2024TV7702 号

责任编辑：王　军
封面设计：孔祥峰
版式设计：思创景点
责任校对：马遥遥
责任印制：刘　菲

出版发行：清华大学出版社
　　　网　　　址：https://www.tup.com.cn，https://www.wqxuetang.com
　　　地　　　址：北京清华大学学研大厦 A 座　　　邮　　编：100084
　　　社　总　机：010-83470000　　　　　　　　　邮　　购：010-62786544
　　　投稿与读者服务：010-62776969，c-service@tup.tsinghua.edu.cn
　　　质　量　反　馈：010-62772015，zhiliang@tup.tsinghua.edu.cn
印 装 者：三河市人民印务有限公司
经　　销：全国新华书店
开　　本：148mm×210mm　　　印　　张：10.125　　字　　数：282 千字
版　　次：2024 年 9 月第 1 版　　　印　　次：2024 年 9 月第 1 次印刷
定　　价：69.80 元

产品编号：101492-01

作者简介

Sinan Ozdemir 是 Shiba 公司的创始人兼首席技术官(CTO)，目前负责管理支持公司社交商务平台的 Web3 组件和机器学习模型。Sinan 曾是约翰·霍普金斯大学的数据科学讲师，是多种关于数据科学和机器学习的教材的作者。此外，他是已被收购的 Kylie.ai 公司的创始人，该公司开发了具备 RPA(机器人流程自动化)功能的企业级对话式人工智能平台。Sinan 拥有约翰·霍普金斯大学纯数学(pure mathematics)专业硕士学位，目前居住在加利福尼亚州的旧金山市。

致　　谢

本书需要大量人士的辛勤工作；我坚信，所有付出成就了一部卓越之作。我真心希望你也有同感！我想要感谢很多人，因为他们的鼓励和帮助，支持我走到了今天。

首先，我要感谢我的爱人 Elizabeth。你一直支持我，当我围着厨房踱步，试图为复杂的主题找到最佳类比时，你耐心地听我讲述；轮到我遛狗时，你也会帮我遛；我太专注于写作了，完全忘记了这件事。我对你的爱胜过一切。

接下来，要感谢 Manning 的整个团队，因为是你们使得本书得以出版。我明白整个出版过程确实花费了一些时间，但正是你们的不断支持让我能走出困境。你们对本书质量的承诺让每个阅读它的人都受益匪浅。

我还想感谢所有在本书不同阶段阅读了我的稿件并给出建议的审稿人。感谢 Aleksei Agarkov、Alexander Klyanchin、Amaresh Rajasekharan、Bhagvan Kommadi、Bob Quintus、Harveen Singh、Igor Dudchenko、Jim Amrhein、Jiri Pik、John Williams、Joshua A. McAdams、Krzysztof Jędrzejewski、Krzysztof Kamyczek、Lavanya Mysuru Krishnamurthy、Lokesh Kumar、Maria Ana、Maxim Volgin、Mikael Dautrey、Oliver Korten、Prashant Nair、Richard Vaughan、Sadhana Ganapathiraju、Satej Kumar Sahu、Seongjin Kim、Sergio Govoni、Shaksham Kapoor、Shweta Mohan Joshi、Subhash Talluri、Swapna Yeleswarapu 和 Vishwesh Ravi Shrimaland，你们的建议使这

本书变得更好。

　　最后，我要特别感谢技术校对人员，他们督促我检查了所有细节，并审阅了我的代码！

　　总之，许多人的努力使本书成为可能。感谢所有参与者！

自　序

　　与许多数据科学家和机器学习工程师一样，我的职业培训和学习主要源于实际经验，而非传统的学术教育。我在约翰·霍普金斯大学攻读纯数学专业，并未系统学习过回归和分类模型。在获得硕士学位后，我决定从攻读博士转向加入硅谷的初创公司，自学机器学习和人工智能的基础知识。

　　我阅读免费的在线资源和参考书籍，开始了我的数据科学学习之旅，并成立了一家专注于打造企业级 AI 的公司。我接触到的几乎所有资料都集中在用于对"数据"和"预测"建模的模型和算法类型。我通过阅读书籍学习理论知识，并在类似 Medium 的网站上阅读文章，了解人们如何将理论应用于实际生活。

　　直到几年后，我才开始意识到，在学习和了解模型、训练和参数调整等主题方面，我只能走这么远。当时我正在处理原始文本数据，构建企业级的聊天机器人，我注意到 NLP(自然语言处理)方面的书籍和文章在内容上的巨大差异。它们确实介绍了很多我可以使用的分类和回归模型，但更关注如何处理原始文本，以便让模型能够很好地使用这些数据。它们更多地讨论了如何调整数据参数，而不是调整模型本身的参数。

　　为什么人们不对表格数据进行与文本数据相同的严格处理呢？原因不可能是它不必要或者没有帮助，因为几乎所有关于数据科学流程所花费时间的调查都显示，人们将大部分时间用在获取和清洗数据上。我决定填补这个空白，并将其变成一本书。

　　在写本书的几年前，我撰写了另一本关于特征工程的书。我的第一本特征工程书聚焦于基础特征工程，强调解释工具和算法，而非展示它们如何在日常应用中使用。而本书采用了更贴近实际的方式。每一章都专注于特定领域的一个应用案例，配有一个数据集，以应用不同的特征工程技术。

我努力以简单易懂、简洁明了的形式勾勒我在特征工程方面的思考过程。在我的数据科学和机器学习职业生涯中，特征工程一直是其中的一个重要组成部分。我希望本书能够让你更深入地了解数据处理，并成为你与同事在工作内容方面的谈资。同时，本书也为你提供工具和窍门，帮助你明确在何时应用哪些特征工程技术。

前　言

本书旨在介绍流行的特征工程技术，讨论何时以及如何运用这些技术的框架。我发现，有些书籍只关注其中一方面，有时可能显得有些单薄。专注于概述的书籍往往忽略了实际应用的一面，而专注于框架的书籍可能让读者产生疑问："为什么这样做有效呢？"我希望读者在理解和应用这些技术方面都能充满信心。

本书目标读者

本书面向已经踏入机器学习领域并寻求提升能力与技能的机器学习工程师和数据科学家。假设读者已经掌握机器学习、交叉验证、参数调优以及使用 Python 和 scikit-learn 进行模型训练的基础知识。本书在此基础上进一步拓展，将特征工程流程直接融入现有的机器学习框架中，以提供更深入的学习体验。

本书的学习路线图

本书包含两个导论性章节(第 1～2 章)，涵盖了特征工程的基础知识，包括如何识别不同类型的数据以及特征工程的不同类别。第3～8 章的每一章都专注于一个具体的案例研究，使用不同的数据集和目标。每章都为读者提供一个新的视角、一个新的数据集以及特定于我们处理的数据类型的新的特征工程技术。本书的目标是提供关于特征工程技术种类的广泛而全面的知识，同时展示各种数据集和数据类型。

关于代码

本书涵盖了许多源代码示例，它们以编号的代码清单和正常文本行的形式呈现。在两种情况下，源代码都采用等宽字体的格式，以便与普通文本区分开来。有时，代码也以粗体显示，用于突出显示在相应章中与之前步骤不同的代码，例如当新特性添加到现有代码行时。

许多情况下，源代码经过重新格式化；我们添加了换行符并重新调整了缩进，以适应书中可用的页面空间。某些情况下，这样做仍不够，代码清单中会包含续行标记(➡)。代码清单中附带了许多注释，用于突出显示重要的概念。

可扫描封底二维码下载代码。

关于本书封面

本书封面上的图案标题为"Homme du Thibet",即"来自中国西藏的人",摘自 Jacques Grasset de Saint-Sauveur 于 1797 年出版的作品集。每幅插图都经过精心手绘和上色。

在那些日子里,很容易通过人们的穿着来确定他们的居住区域,他们的职业或社会地位。Manning 出版社通过几个世纪前代表地区文化丰富多样性的插图来表现电脑行业的开创性,并让这些珍贵的插图重新焕发生机和光彩。

目 录

第 *1* 章

特征工程简介

本章主要内容:

- 理解特征工程和机器学习流程
- 探讨特征工程在机器学习过程中的重要性
- 了解特征工程的类型
- 了解本书的结构以及我们将关注的案例研究类型

当前围绕人工智能(AI)和机器学习(ML)展开的许多讨论往往天生以模型为中心,聚焦于 ML 和深度学习(DL)的最新进展。这种模型优先的方法往往对用于训练这些模型的数据关注不足,甚至完全忽视。类似 MLOps 的领域正迅速发展,通过系统性地训练和利用 ML 模型,尽量减少人为干预,以"释放"工程师的时间。

许多知名的 AI 专家正在敦促数据科学家更关注以数据为中心的机器学习视角,而不是过于关注模型选择和超参数调整过程。这种视角更侧重于提高我们所摄取并用于训练模型的数据质量。Andrew Ng 曾公开表示:"机器学习基本上就是特征工程",我们需要更加倾向于以数据为中心的方法。在以下场景中,采用以数据为中心的方法

尤为有效:

- 数据集的观察值较少(小于 10KB),因此我们可以从更少的行中提取尽可能多的信息。
- 数据集的列数相对于观察值的数量很大。这可能导致所谓的维度诅咒,这是一种描述数据空间极度稀疏的现象,使得机器学习模型难以从中学习。
- 数据和模型的可解释性至关重要。
- 数据领域本质上是复杂的(例如,在数据不完整和不干净的情况下,几乎无法实现精确的金融建模)。

我们应该将注意力集中在机器学习流程中最需要细致和谨慎考虑的部分:特征工程。

在本书中,我们将深入研究用于识别最强特征、创建新特征的不同算法和统计测试程序。在我们的语境中,将特征定义为对 ML 模型有实际意义的数据属性或列。我们将通过几个案例来展开深入研究,每个案例研究都属于不同领域,包括医疗保健和金融,并将涉及多种类型的数据,如表格数据、文本数据、图像数据和时间序列数据。

1.1　特征工程是什么,为什么它如此重要

对于不同的数据科学家,"特征工程"这个术语可能唤起不同的联想。对于一些数据科学家来说,特征工程是我们缩小监督模型所需特征范围的手段(例如,试图预测响应或结果变量)。对于其他人来说,它是从非结构化数据中提取数值表示,以用于非监督模型的方法学(例如,试图从先前非结构化的数据集内提取结构化数据)。特征工程不仅包括这些,还涵盖了更多内容。

在本书中,特征工程是一门艺术,其目的在于对数据进行操纵和转换,使其以最佳方式呈现出 ML 算法试图建模的底层问题,并减少数据中固有的复杂性和偏差。

数据实践者通常依赖机器学习和深度学习算法从数据中提取和学习模式,即使他们使用的数据格式不佳和非最优。原因包括实践者过于信任他们的机器学习模型,或者根本不知道处理混乱和不一致数据的最佳实践,希望机器学习模型能够为他们"解决问题"。这种做法甚至没有给机器学习模型从适当的数据中学习的机会,从一开始就注定了数据科学家的失败。

关键在于数据科学家是否愿意或能够尽可能充分利用他们的数据(为机器学习任务精心设计最佳特征)。如果我们不进行合适的特征工程,而依赖复杂而缓慢的机器学习模型来解决问题,可能最终得到性能较差的机器学习模型。相反,如果我们花时间了解数据,并为机器学习模型制定精心设计的特征,我们就可能得到更小、更迅速的模型,其性能与较大模型相当,甚至更出色。

我们期望机器学习模型在我们选择的评价指标上表现尽可能出色。为达成这一目标,可对数据和模型进行调整(见图 1-1)。

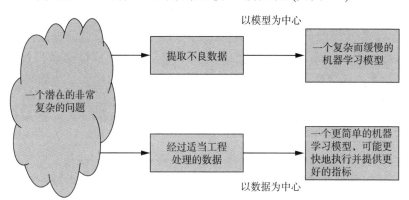

图 1-1　在数据为中心的机器学习方法中,我们并不太关心改进机器学习代码,而是关心以某种方式处理填充数据,使得机器学习模型更容易发现和利用数据中的模式,从而在整个流程中实现更好的性能

本书的焦点不在于如何优化机器学习模型,而在于转换和操纵数据的技术,使得机器学习模型更容易处理和学习数据集。我们将展示一系列特征工程技术,这些技术可帮助整个机器学习流程,而

不仅是选择具有更好超参数的模型。

1.1.1　谁需要特征工程

根据 Anaconda 在 2020 年进行的"数据科学现状"调查(参见 https://www.anaconda.com/state-of-data-science-2020)，数据整理(我们可以将其视为特征工程的代名词，额外增加了数据加载步骤)占用的时间过长，因此数据整理是每位数据科学家都关心的问题。调查显示数据管理仍然占据了数据科学家大量的时间。报告中显示有将近一半的时间用于数据加载和"整理"。报告声称这一情况"令人失望"且"数据准备和整理挤占了宝贵的、真正的数据科学工作时间"。需要注意，"整理"数据是一个相当模糊的术语，很可能被用作对探索性数据分析以及所有特征工程工作的概括性描述。我们认为数据准备和特征工程是数据科学家工作中真实、重要且几乎总是不可避免的部分，应该受到与专注于数据建模的流程部分同等的重视。

本书致力于展示强大的特征工程过程，包括模型公平性评估(见第 4 章)、基于深度学习的表示学习(见第 5 章)、假设检验(见第 3 章)等。这些特征工程技术对模型性能的影响不亚于模型选择和训练过程。

1.1.2　特征工程的局限性

值得强调的是，良好的特征工程并非灵丹妙药。例如，特征工程无法解决机器学习模型数据量过少的问题。虽然并没有确定数据规模何时算过小的确切阈值，但大多数情况下，当处理少于 1000 行的数据集时，特征工程只能尽力从这些观测中提取尽可能多的信息。当然，也存在例外情况。在我们的自然语言处理和图像案例研究中，当涉及迁移学习时，我们将看到预训练的机器学习模型如何从仅有的几百个观测中学习，但这也仅是因为它们已经在数十万个观测上进行了预训练。

特征工程也无法在特征与响应变量之间本来就没有联系的情况下创造这种关联。如果最初的特征并不隐含地具有对响应变量的预测能力，那么再多的特征工程都无法建立这种关系。我们可能能够在性能上取得小幅提升，但不能指望特征工程或机器学习模型会神奇地为我们创造特征与响应变量之间的关系。

1.1.3　出色的数据，出色的模型

出色的模型离不开出色的数据。如果没有深刻反映问题本质的良好结构化数据，几乎不可能确保获得准确且公平的模型。

我在机器学习领域的职业生涯中，大部分时间都在研究自然语言处理(NLP)。具体来说，我专注于构建能够自动从非结构化的历史记录和知识库中提取和优化对话 AI 架构的机器学习流程。在初期，我主要关注从原始的人类对话记录中提炼和实施知识图谱，并利用最先进的迁移学习和序列到序列模型，开发出能够学习新主题的对话 AI 流程，以适应不断更新的话题。

我最近结识了一位名叫 Lauren Senna 的对话架构设计师和语言学家。她向我介绍了在对话中使用的深层结构，这些结构是她和她的团队用来构建能够在一周内胜过我自动推导的所有机器人的关键。Lauren 分析了关于人们与机器人交流互动的心理，以及为什么这与知识库文章的写作方式不同。那时我终于意识到，我需要花更多时间将机器学习努力集中在预处理上，以展现这些潜在的模式和结构，使预测系统能抓住它们并变得比以往更准确。她和我在某些情况下负责提高机器人性能，并且我们获得了高达50%的性能提升；我在各种会议上分享了数据科学家如何利用类似技术来解锁他们自己数据中的模式。

若不了解和尊重数据，我永远无法发挥模型的潜力，这些模型致力于捕捉、学习并放大数据中蕴含的模式。

1.2 特征工程流程

在深入研究特征工程流程之前，我们需要回顾一下整个机器学习流程。这是很重要的，特征工程流程本身是更大机器学习流程的一部分，因此这将为我们提供理解特征工程步骤所需的全局视角。

机器学习流程

机器学习流程通常包括五个步骤(图 1-2)：

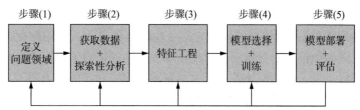

图 1-2 机器学习流程。从左到右：我们必须深入了解问题领域，获取并深入理解数据，进行特征工程(显然是本书的主要关注点)，选择并训练模型，然后在部署模型时要明白，如果模型评估显示任何形式的数据或概念漂移，我们可能需要回溯到过去的每一步，因为这可能是模型衰减的表现——随着时间推移，机器学习模型性能下降

(1) 定义问题领域——我们试图通过机器学习解决何种问题？这是定义我们要优先考虑的特征的时刻，例如模型预测速度或可解释性。这些考虑事项在进行模型评估时将变得至关重要。

(2) 获取数据并进行探索性分析——考虑并实施收集数据的方法，确保数据的公平性、安全性，并尊重数据提供者的隐私。这也是执行探索性数据分析(EDA)的绝佳时机，以对我们正在处理的数据有深刻了解。假设你已经对数据进行了充分的 EDA 工作，而我将在本书中尽力帮助你更全面地了解数据。如果这是一个监督学习问题，我们是否需要处理类别不平衡的情况？如果这是一个无监督学习问题，我们是否有足够代表总体的数据样本，以获得足够深刻的洞察?

(3) 特征工程——这是本书的重点,也是机器学习流程的关键步骤。这一步创建能输入 ML 模型的数据的最优表示。

(4) 模型选择和训练——这是机器学习流程的重要组成部分,应该认真而谨慎地执行。在这个阶段,我们选择最适合数据和步骤(1)中考虑事项的模型。如果模型的可解释性被强调为首要考虑因素,或许我们会选择树模型而不是深度学习驱动的模型。

(5) 模型部署和评估——在这个阶段,数据已经准备好,模型已经训练好,现在是将模型投入生产的时刻。此时,数据科学家可考虑模型版本控制和预测速度(作为评估模型就绪情况的因素)。例如,是否需要某种用户界面以同步获取预测,还是我们可以脱机执行预测?必须使用评估过程来追踪模型的性能,并密切关注模型的衰减。

提示 谈到问题领域时,成为在该领域解决问题的数据科学家并不需要成为该领域的专家。话虽如此,我强烈建议你至少与该领域的专家联系并进行一些研究。

在机器学习流程的最后一步,我们还需要留意概念漂移(当对数据的解释发生变化)和数据漂移(当数据的基本分布发生变化);这两个概念指的是数据随时间可能发生变化的情况。

概念漂移是指特征或响应的统计特性随时间发生变化的现象。如果在某个时间点在一个数据集上训练一个模型,我们就定义了一个函数的快照,这个函数将特征与响应关联起来。随着时间的推移,数据表示的环境可能发生变化,我们对这些特征和响应的看法也可能发生改变。这个概念最常应用于响应变量,但也可以用于特征。

假设我们是流媒体平台的数据科学家。我们的任务是构建一个模型,预测何时向用户展示一个进度限制,并询问他们是否仍在观看。可基于用户按下按钮后的分钟数或他们当前观看的节目的平均长度等指标构建一个基本模型,我们的响应将是一个简单的 True 或 False,

表示是否应该显示进度限制。在模型创建时，我们的团队齐聚一堂，并作为领域专家，考虑了展示这个进度限制的所有可能方式。也许观看视频的人睡着了，也许他们因为办事而不小心离开了。因此，我们构建了一个模型并部署了它。两个月后，我们开始收到延迟显示进度限制的请求，我们的团队再次汇聚在一起来阅读这些请求。原来，有一大群人(包括本文作者)使用流媒体应用为他们的狗和猫播放宁静的纪录片，以帮助宠物缓解长时间离开主人时的分离焦虑。这是我们的模型没有考虑到的概念。现在，必须添加观察和特征，如"节目是否为动物类节目"，以帮助解释这个新概念。

数据漂移是指由于某种原因我们数据的基础分布发生了变化，但我们对该特征的解释仍然保持不变。这在发生模型未考虑到的行为变化时很常见。考虑一下过去的流媒体平台。在 2019 年底，我们构建了一个模型，以预测某人观看节目的小时数，考虑了他们过去的观看习惯、喜欢的节目类型等变量，效果良好。突然间，一场全球性的疫情暴发，一些人开始更频繁地在线观看视频，甚至可能在工作时进行观看，以制造出即使独自一人在家中，也仿佛有人在身边的感觉。响应变量的分布(以观看的小时数衡量)将戏剧性地向右偏移，考虑到这种分布变化，模型可能无法保持过去的性能水平。这就是数据漂移。观看小时数的概念没有改变，但该响应的基础分布发生了变化。

这个理念同样适用于特征。如果我们针对新的响应变量"如果我们提供下一集，这个人会观看吗？"并将观看时长作为特征，那么模型以前未遇到的这种分布的戏剧性变化依然成立。

如果我们放大机器学习流程的中间部分，会看到特征工程。特征工程作为较大机器学习流程的一部分，可被看作拥有独立步骤的独立流程。如果我们双击并打开机器学习流程中的特征工程部分，将看到以下步骤。

(1) 特征理解：识别我们正在处理的数据级别至关重要，这将影响我们可以使用哪些类型的特征工程。在这个阶段，我们将不得不完成诸如"确定我们的数据属于哪个级别"的工作。别担心,我们将在下一章详细介绍数据的级别。

(2) 特征结构化:假设我们的数据中存在一些非结构化的数据(如文本、图像、视频等;见图 1-3)。

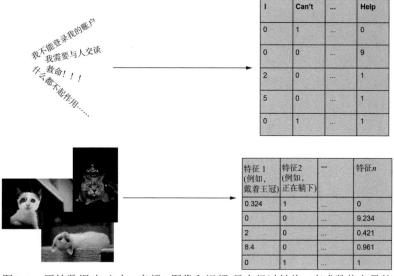

图 1-3 原始数据(如文本、音频、图像和视频)只有经过转换,变成数值向量的形式,才能被机器学习算法处理。我们将这个过程称为特征结构化,可以通过提取技术来实现,比如应用词袋算法或采用自动编码器等非参数特征学习方法(第 5 章的案例研究将详细介绍词袋算法和自动编码器的应用)

我们必须将它们转换为结构化格式,以便我们的机器学习模型可以理解它们。例如,将文本片段转换为向量表示或将图像转换为矩阵形式。可使用特征提取或特征学习来实现这个目标。

(3) 特征优化:为数据建立了结构化表示后,可应用各种优化技术,如特征改进、提取、构建和选择,以获取最适合模型的数据。日常特征工程工作的主要内容通常涉及这一方面。本书中的绝大多数代码示例都将围绕特征优化展开。每个案例研究都将包含一些特征优化的实例，其中我们需要创建新的特征或者对现有特征进行加工，使其更适用于我们的机器学习模型。

(4) 特征评估：当我们修改特征工程流程以尝试不同的场景时，我们希望了解应用的特征工程技术是否有效。为了实现这一目标，我们可以选择一个单一的学习算法，可能还要选择一些参数选项进行快速调整。然后，可将不同特征工程流程的应用与一个恒定模型进行比较，以评估在个体变化的情况下哪些流程步骤表现更好。如果没有看到期望的性能，将返回到之前的优化和结构化步骤，尝试获得更好的数据表示(见图1-4)。

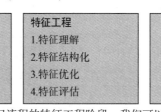

图1-4　聚焦于机器学习流程的特征工程阶段，我们可以看到它所执行的步骤，以开发出正确且成功的特征工程流程

1.3　本书的编排方式

一本涵盖众多案例研究的书籍可能在编排上面临一些挑战。一方面，我们希望提供足够的背景和洞察，解释我们将要用于特征工程的技术。另一方面，我们也充分认识到通过实例和代码样本来巩固概念的重要性。

为此，我们将共同努力，以一种引人入胜的方式叙述每个案例研究，展示解决特定领域问题的端到端代码。我们将逐步解析代码，解释为什么那样做以及接下来我们将要做什么。我希望这样既能为读者呈现实际操作的代码，又能提供对问题的高层次思考，达到两者兼顾的效果。

1.3.1 特征工程的五种类型

本书的主要关注点是特征工程的五个主要类别。第 2 章将介绍这五个类别，并在整本书中不断回顾它们。

(1) 特征改进：通过数学变换提升现有特征的可用性。

例子：通过从其他列进行推断，填充天气数据集中的缺失温度值。

(2) 特征构建：通过从现有可解释特征中创造新的可解释特征来丰富数据集。

例子：在房屋估值数据集中，通过将房屋总价特征除以房屋面积特征，创建一个每平方英尺价格的特征。

(3) 特征选择：从现有特征集合中选择最佳的特征子集。

例子：在创建每平方英尺价格特征后，如果之前的两个特征对机器学习模型没有更多价值，可能会将它们移除。

(4) 特征提取：依赖算法自动创建新的、有时是不可解释的特征，通常基于对数据进行参数化的假设。

例子：依赖预训练的迁移学习模型，如 Google 的 BERT，将非结构化文本映射到结构化且通常是不可解释的向量空间。

(5) 特征学习：通常利用深度学习，通过从原始的非结构化数据(如文本、图像和视频)中提取结构和学习表示，自动生成全新的特征集。

例子：训练生成对抗网络(GAN)以解构和重构图像，以便学习针对特定任务的最优表示。

现在，应该注意两件事情。首先，无论我们是使用监督学习模型还是无监督学习模型，都没有关系。这是因为我们所定义的特征是对机器学习模型有意义的属性。因此，无论目标是将观测结果聚类在一起还是预测股票在几小时内的价格变动，我们设计特征的方式都将迥然不同。其次，通常人们会在数据上执行与特征工程一致的操作，但并不打算将数据馈送到机器学习模型中。例如，有人可能希望将文本向量化为词袋表示，以创建词云可视化，或者一家公司可能需要填补客户数据中的缺失值以计算流失统计数据。这当然是有效的,但它并不符合特征工程在机器学习中的相对严格的定义。

如果我们看一下特征工程的四个步骤以及五种特征工程如何融入其中,我们将得到如图 1-5 所示的流程图,其中展示了一个端到端的流程,说明了如何为工程化特征摄取和操作数据,从而更好地帮助机器学习模型解决手头的问题。

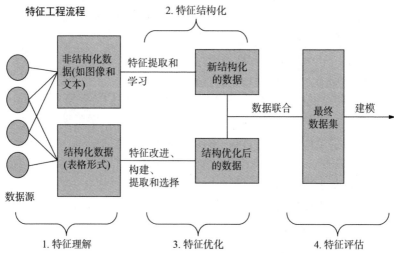

图 1-5   特征工程流程有四个阶段,包括理解我们的数据、对数据进行结构化和优化,然后使用机器学习模型对数据进行评估。注意,将原始结构化数据和新结构化数据合并的数据联合是可选的,由数据科学家和手头的任务决定

1.3.2   本书案例研究的概述

本书旨在展示日益复杂的特征工程过程,这些过程是分步构建的,并通过示例、代码样本和案例研究提供使用这些过程的基础知识。本书的前几个案例研究主要关注核心的特征工程过程,这是所有数据科学家都应该掌握的,且几乎适用于所有数据集。随着我们在本书中呈现更多案例研究,将使用更先进的技术,并更聚焦于不同类型的数据。

你可以自由地直接跳转到任何使用你想要掌握的特征工程技术的具体案例研究，并立即开始学习。本书包括六个案例研究，涵盖不同领域，使用各种数据类型。每个案例研究都会在前一个基础上引入越来越先进的特征工程技术。

我们的第一个案例研究是医疗保健/COVID-19 诊断，其中将使用与全球 COVID-19 大流行相关的结构化数据。在这个案例研究中，将尝试对 COVID-19 进行预测性诊断，利用表格形式的结构化数据。将深入了解数据的不同层次：特征改进、特征构建和特征选择。

第二个案例研究是公平性，强调偏见和伦理。这个案例研究专注于超越传统的机器学习度量标准，深入探讨在人们的正当利益受损时，盲目追随算法建议可能带来的危害。我们将研究如何通过引入不同的公平定义并识别数据中的受保护特征来保护模型免受数据中固有偏见的影响。与缓解数据中的偏见相关的特征选择和特征构建将发挥关键作用。

第三个案例将关注 NLP/分类推文情感，我们将开始看到更先进的特征工程技术(如特征提取和特征学习)的实际应用。这里的问题陈述相对简单：推文的作者是快乐的、中立的还是不快乐的？我们将深入研究传统的参数化特征提取方法(如主成分分析)，以及更现代的特征学习方法(如迁移学习和自编码器)，并对这些方法进行比较。

第四个案例将深入研究图像/物体识别。我们将使用两个不同的图像数据集，尝试教会模型识别各种物体。我们将再次看到传统的参数化特征提取方法(如梯度方向直方图)与现代的特征学习方法(如生成对抗网络)之间的较量，以及不同的特征工程技术在模型性能和可解释性之间的权衡。

第五个是时间序列/短线交易案例研究，我们将寻找 alpha(跑赢指数)，并尝试部署深度学习来执行最基本的短线交易问题：在接下来的几小时内，这只股票价格会显著下跌、上升或保持相对稳定？这似乎很简单，但涉及股市时，没有什么是简单的。在这个案例研究中，时间序列技术将占据主导地位，特征选择、改进、构建和提取也发挥了作用。

第六个案例研究将走上一条风景优美但常被忽视的小路。使用Flask 进行特征存储/流数据的研究，我们将探讨如何将特征工程技术部署到 Flask 服务中，以使特征工程工作更高效，并广泛地提供给更多的工程师群体。我们将在 Flask 中设置一个 Web 服务，创建一个特征存储,用于存储和提供来自短线交易案例研究的实时数据。

在每一个案例研究中，将遵循相同的学习模式：

(1) 将介绍数据集，通常伴随一个简短的数据探索分析步骤，以帮助我们了解原始数据集。

(2) 然后将制定问题陈述，以帮助我们了解哪些特征工程技术将是适用的。

(3) 接下来将按照特征工程的类型分组，实施特征工程过程。

(4) 代码块和视觉元素将贯穿整个流程，帮助我们更清晰地了解特征工程技术对机器学习模型的影响。

(5) 我们将以"本章小结"结束，以概括每个案例研究的要点。

1.4　本章小结

- 作为机器学习流程的一部分，特征工程是对数据进行转化以提高机器学习性能的艺术。
- 当前有关机器学习的讨论主要以模型为中心。更应该关注以数据为中心的机器学习方法。
- 特征工程的四个步骤包括特征理解、特征结构化、特征优化和特征评估。
  - 特征理解——为了更好地解释数据。
  - 特征结构化——为了在机器学习中有效组织数据。
  - 特征优化——为了尽可能地从数据中提取信号和模式。
  - 特征评估——根据机器学习调整特征工程。
- 数据科学家将超过一半的时间都花费在整理和操作数据

上；值得花费充分的时间来整理数据集，以使所有下游任
务更加轻松和有效。

- 优秀的特征工程能够产生更高效的数据集，使我们能够采
用更快速、更小的模型，而不是依赖于通过混乱数据训练
出来的缓慢而复杂的模型。
- 本书提供了许多案例研究，帮助读者真正学习和运用特征
工程技术。

第 *2* 章

特征工程基础知识

本章主要内容:
- 理解结构化和非结构化数据的差异
- 探索数据的四个层次以及它们如何描述数据的特性
- 探讨五种特征工程类型及其适用场景
- 区分评估特征工程流程的方法

本章将介绍特征工程的基本概念,将探讨各种数据类型以及贯穿本书的各种特征工程技术。在深入实例研究之前,本章将为特征工程和数据理解奠定必要基础。在我们能够在 Python 中导入任何包之前,需要知道在寻找什么,以及数据试图向我们传达什么信息。

往往,着手处理数据可能变得相当具有挑战性。数据可能会混乱、无序、庞大,或者呈现出奇异的格式。在本章中,随着我们接触到各种术语、定义和实例,将为迎接我们的第一个案例研究做好充分准备。

首先将深入研究两种广义数据集类型:结构化和非结构化。此后将聚焦于单个特征,并开始将每个特征分配到数据的四个层次之一，这将为我们在进行特征工程时可以或不可以采取的措施提供重要线索。最终，一旦对数据的四个层次有了了解，以及学会如何将特征分类至其中一个层次，我们将进入五种特征工程的阶段。所有这一切将为我们在深入研究案例时提供有条理的思维过程。总体而言，我们将从诊断数据集是非结构化还是结构化开始。接着，我们将为每个特征分配一个数据层次，最后，根据每个特征所属的数据层次，采用五种特征工程中的一种或多种技术。让我们开始吧。

2.1 数据类型

在我们的特征工程探索过程中，我们将遇到许多不同类型的数据，大致可以将其分为两个主要类别：结构化和非结构化。这些术语用于描述整个数据集，而不是单个特征。如果有人要求对数据集进行分析，一个恰当地回答问题的方式可能是，数据是结构化的还是非结构化的？

2.1.1 结构化数据

有组织的数据，或称为结构化数据，是符合严格数据模型或设计要求的数据。这通常是人们在思考数据时所考虑的形式。它们通常以表格形式(行/列)呈现，其中行代表个别观察，而列则表示特征或属性。

结构化数据的示例包括以下内容：

- 关系型数据库和数据表(如 SQL)，其中每一列都具有特定的数据类型，并规定了何种类型的值可以存储在列中。
- Excel 数据文档，其中每一行都是独立的，每一列都有一个标签，通常描述了该列数据的类型。

2.1.2 非结构化数据

与结构化数据不同，非结构化数据没有预定义的设计，也不遵循特定的数据模型。我知道这有点模糊，但非结构化数据这个术语是一个总称，用来定义所有结构化以外的数据。如果你正在处理的数据集不能完全适应整洁的行和列结构，那么你就在处理非结构化数据。

以下是非结构化数据的例子：

- 客户服务对话的文字记录
- YouTube 上的视频
- 播客中的音频

很多情况下，一个数据集可能同时包含结构化和非结构化的部分。举例来说，如果处理的是电话记录的数据集，我们可将包括电话拨打日期和姓名的数据子集视为结构化部分，而通话的原始音频则属于非结构化部分。表 2-1 中提供了一些结构化和非结构化数据的示例。

表 2-1 结构化数据与非结构化数据的示例

示例	结构化部分	非结构化部分
打电话	谁拨打了电话、谁接听了电话、通话的时间	通话的音频
保险表格	提交日期、提交人、记录人、索赔类型	开放性问题的内容
播客	播客发布日期、主持人姓名、播客的类别	播客的音频和文字转录
服务器日志	日志的日期戳、来源微服务、日志级别(如 info、debug 等)	日志的内容

根据 Gartner 分析师的估计(https://www.gartner.com/en/documents/3989657)，80%的企业数据是非结构化的，而剩下的 20%是结构化的。根据这一估算，乍一看处理非结构化数据显得更加紧迫。这是一个合理的反应，但值得注意的是，之所以数据中的 80%是非结构化的，是因为非结构化数据占用了更多空间；大多数数据捕捉系统

捕捉我们的所有活动，包括发送电子邮件、发送短信、打电话和留言等，所有这些数据都是非结构化的。在本书中，我们将处理结构化和非结构化数据。我们对任何非结构化数据的目标是将其转换为结构化格式，因为这是机器学习模型能够解析和学习的格式(表2-2)。

表2-2　结构化数据虽然仅占企业数据的约20%，但通常更易处理且存储成本较低，而非结构化数据占据了企业数据的较大比例，更难处理。本书将涉及对结构化和非结构化数据的处理

结构化数据	非结构化数据
表格数据可以通过行和列的形式表示，也可在关系型数据库中表示	不能以表格数据的形式表示。通常被视为一团数据
通常更容易在机器学习中使用	由于首先需要转换为结构化数据，因此更难处理
占用较少的存储空间	占用较多的存储空间
估计占企业数据的20%	估计占企业数据的80%
例如，电子表格和CSV文件	例如，文本、视频和图像

2.2　数据的四个层次

当处理结构化数据集时，单个列或特征可存在于四个数据层次之一。了解你的数据属于哪个层次，对于决定可能采用哪种特征工程技术至关重要。

2.2.1　定性数据与定量数据

广义上讲，特征可以是定量(即数值型)的，也可以是定性(即类别型)的。通常，哪些数据是定量的、哪些是定性的是很明显的；仅仅知道你的数据属于这两个广义类别中的哪一个就足够了。例如，定量数据可以是年龄、温度、价格、白细胞计数和GDP等。定性数

据则基本上是除了数值型以外的任何东西，如电子邮件、推文、血型和服务器日志等。

定量和定性数据可以进一步划分为数据的四个子层次，知道数据属于哪个层次将使我们更清楚可以对它们执行哪些操作，以及哪些操作是不允许的：

- 名义层次
- 序数层次
- 区间层次
- 比率层次

数据只能存在于这四个层次中的一个，了解每个特征所处的层次通常会决定可以使用哪些操作和不允许使用哪些操作。首先来看第一个层次：名义层次的数据。

2.2.2　名义层次

我们的第一个数据层次是名义层次。名义层次上的数据完全是定性的。这涉及没有任何定量意义且没有可识别顺序的事物类别、标签、描述和分类。

名义层次的数据(见图 2-1)的示例如下：

- 血型(如 A、AB、O 等)
- 填写运输信息时的居住州
- 手机品牌(如 iPhone、Samsung 等)

在名义层次的数据上，我们不能执行许多数学运算。不能计算血型的"平均数"，也不能找到居住州的中位数。然而，可找到名义数据的众数，即最频繁出现的值。还可通过使用条形图来可视化这个层次的数据，以获取名义层次数据值的计数。

Type of home	Neighborhood
Apartment	Soma
Single family	FiDi
Apartment	Russian Hill
Condo	Soma
Single family	Soma
Single family	FiDi
Apartment	Soma
Duplex	Russian Hill
Apartment	Soma
Apartment	FiDi
Condo	FiDi
Apartment	Russian Hill
Apartment	Soma
...	....

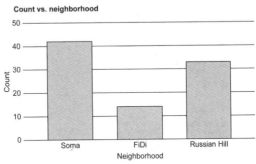

图 2-1   在名义层次上，可查看诸如数值分布的信息，但没有更多操作
可用。名义数据非常普遍

处理名义层次的数据

简单来说，我们要么需要将名义层次的数据转换为机器可以解释的形式，要么需要将其去除。最常见的转换名义数据的方法是进行虚拟化(dummify)，即为每个表示的类别创建一个全新的二进制特征(0 或 1)，并删除原始的名义特征(见图 2-2)。

Neighborhood
Financial district
Outer Sunset
Inner Richmond
Financial district
Soma

创建 n 个特征，其中 n 是不同类别的数量。这样，机器学习流程就有了可学习的数值

Financial district	Outer Sunset	Inner Richmond	Soma
1	0	0	0
0	1	0	0
0	0	1	0
1	0	0	0
0	0	0	1

图 2-2   从名义特征创建虚拟二进制特征。我们也可以选择创建 n×1 的特征
进行虚拟化，因为这表示如果其他值都为 0，那么第 n 个特征就是 1

从技术角度看，二进制数据仍然属于名义层次，因为我们没有一种有意义地量化是或否、真或假的方法，但机器学习算法至少可以解释 0 和 1，这与 Financial district 或 Soma 不同。

2.2.3 序数层次

让我们看看第二个数据层次，序数数据描述具有某种顺序感的定性数据，但数值之间缺乏有意义的差异。在序数层次上最常见的数据之一是客户满意度调查。如果我问你："迄今为止你对这本书的满意程度如何？"并给出选项，你的回答将处于序数层次：

- 非常不满意
- 不满意
- 中立
- 满意
- 非常满意

它仍然是定性的，仍然是一种类别，但有一定的顺序感。我们有一个选择范围，从非常不满意(我希望你不是)到非常满意(老实说，我希望你在这里，但暂时可以接受中立或满意，直到我们进行案例研究)。

这些数据的局限在于无法表达值之间的差异。我们没有一种简便的方法来定义满意和非常满意之间的空间。短语"不满意减去非常不满意"毫无意义，也不能将满意加到中立上。序数层次上的其他数据示例包括：

- 公司职级，包括实习生、初级职员、主管、副总裁、高管。
- 考试成绩，包括 A、B、C 等。

处理序数层次数据

在序数层次，虚拟化数据是一种选择，但更合适的方法是将任何序数数据转换为数值刻度，以便机器学习模型能够解释它们。通常，这只需要将递增的整数(如 1、2、3 等)分配给各个类别(见图 2-3)。

1. 非常不满意
2. 不满意
3. 中立
4. 满意
5. 非常满意

图 2-3   客户调查通常在序数层次上衡量满意度。可将类别名称"非常不满意"和"中立"转换为保留顺序的数值表示。因此，"非常不满意"变成 1，"不满意"变成 2，以此类推

尽管处理序数数据的正确方式是转换为数值刻度，但我们仍然不能执行基本的数学运算，如加、减、乘或除，因为在这个层次上它们没有一致的含义。例如，5 减去 4 并不等同于非常满意减去满意，而 5 减 4 的差异并不表示值为 5 的人比值为 4 的人更满意一个单位。

2.2.4   区间层次

这才是真正有趣的开始。区间层次上的数据与序数层次上的数据相似，除了一个至关重要的事实：值之间的差异具有一致的意义。这是我们的第一个定量层次。

(1) 区间层次上的经典例子是温度。我们明显感到有一种顺序——68 度比 58 度热。我们还有幸知道，如果将一个值减去另一个值，那个差异是有意义的：68 度减去 58 度是 10 度的差异。同样，如果将 37 度减去 47 度，也得到 10 度的差异。

(2) 如果我们选择赋予调查结果之间的差异以意义，还可将从序数层次上得到的调查结果视为区间层次上的数据。大多数数据科学家都会同意，如果只向人们展示不满意、中立、满意等词语，那

就是在序数刻度上。如果还向他们展示一个数字，并要求他们在投票时记住那个数字，那么我们可将这些数据提升到区间层次，以便进行算术平均。

我能感觉到有些人在嗤之以鼻，但实际上这是开创性的，对于理解你正在处理的数据至关重要。当我们有能力进行加法和减法，并可确保这些加法或减法的一致性时，就可以开始计算算术平均数、中位数和标准差等指标。这些公式依赖于将数值相加的能力，并确保这些答案具有实际意义。

还能期望比区间层次更高吗？嗯，区间层次上的数据缺少的是真零的概念。真零代表你试图测量的事物是不存在的。回到我们的温度示例，0 度的概念并不表示"温度不存在"；它只是温度的另一种度量。

区间层次上的数据的不足之处在于我们无法定义它们之间的比率。我们知道，100 度并不是 50 度的两倍热，就像 20 度不是 40 度的两倍冷一样。我们永远不会说出这样的话，因为这种比较实际上没有什么具体意义。

处理区间层次上数据

在区间层次上，我们在处理数据时有很多选择。例如，如果存在缺失值，可使用算术平均数或中位数来填补缺失的数据。还可以开始对特征进行加法和减法运算(如果有这样的需求)。

算术平均数在我们聚合的所有数据具有相同单位(如英尺、毫升、美元等)时非常有用。然而，算术平均数的缺点是它会受异常值的严重影响。例如，假设我们正在计算从 1 到 100 的调查分数的平均数，而我们的分数是 30、54、34、54、36、44、23、93、100、99。算术平均数将是 56.7，但中位数将是 49。请注意，均值在 90 到 100 之间的三个异常值的影响下被人为拉高，而中位数则保持在数据集中部。

注意，我们正在将调查数据视为区间层次，因此隐含地赋予了差异以意义。我们可以毫不犹豫地说，得分为 95 的人比得分为 85

的人更幸福,幸福程度大约高出 10 个单位。

2.2.5 比率层次

我们的数据最高层次是比率层次。这是大多数人在考虑定性数据时所想到的数据刻度。在比率层次上的数据,正如你可能已经猜到的那样,与区间层次上的数据完全相同,而且存在真正的零点。

数据科学领域中,拥有丰富的比率层次数据,列举一些例子。

● 资金:我们可将真正的零定义为没有资金的状态。如果我们有 0 美元或 0 里拉,我们就没有任何资金。

● 在数据科学中,年龄、身高和体重被认为是比率层次的变量。

在区间层次,我们只能进行加减运算,而这些运算具有意义。而在比率层次,由于存在真正的零点概念,我们可进行乘法和除法运算,其结果也是有意义的。例如,100 美元是 50 美元的两倍,250 美元是 500 美元的一半。这些句子之所以有意义,是因为我们能够形象地理解没钱的概念(即拥有 0 美元;见图 2-4)。

"比50多一倍"的意思
是比50离零点远两倍。

图 2-4 当我们说数字是"多一倍"或"少三分之一"时,这种直观的含义来自大脑将每个数字与零的概念进行比较。说 100 比 50 多一倍,实际上是在说 100 离零点的距离是 50 的两倍

如果你正在判断你的定量数据是处于区间层次还是比率层次,试着将两个数值相除,然后问自己:"这个答案是否有普遍被接受的含义?"如果答案是肯定的,那么你很可能在处理比率层次的数据。如果答案是"嗯,我觉得不太可能",那么你可能在处理区间层次的数据。

处理比率层次的数据

在比率层次上,你可以做的事情并没有比在区间层次上更多。主要区别在于,现在我们可将值相乘和相除。这使我们有能力理解几何平均数和调和平均数(见图 2-5)。有时我们希望使用这三种平均数中的一种，它们被总称为毕达哥拉斯平均数。

算术平均数　　　　　　几何平均数　　　　　　调和平均数

$$\frac{1}{n} \cdot \sum_{i=1}^{n} a_i \qquad \left(\prod_{i=1}^{n} a_i\right)^{\frac{1}{n}} \qquad \left(\frac{1}{n} \cdot \sum_{i=1}^{n} a_i^{-1}\right)^{-1}$$

图 2-5　各种类型的平均数如下：算术平均数，适用于区间和比率层次；几何平均数，对于存在不同单位的数据非常有效；调和平均数，用于计算 $F1$ 度量(也称为 $F1$ 指标)

在前面谈到区间层次数据时，我们曾提到过算术平均数。在比率层次上，我们仍然可以出于相同的目的使用算术平均数，但某些情况下，最好选用几何平均数或调和平均数。当数据涉及不同的单位时(如摄氏度和华氏度混合在一起)，几何平均数最有效。

举例来说，假设我们希望比较两个客户支持部门，并通过两个度量标准来评估每个部门：客户满意度(CSAT)得分，范围在 1 到 5 之间；以及净推荐者得分(NPS)，范围在 0 到 10 之间。假设两个部门的得分如下(见表 2-3)。

表 2-3　两个部门的 CSAT 和 NPS 得分

部门	CSAT	NPS
A	3.5	8
B	4	6.5

那么，我们可能想在这里使用算术平均数，并认为：

```
A = (3.5 + 8) / 2 = 5.75
B = (4.75 + 6.5) / 2 = 5.625
```

我们可能会宣布 A 为赢家，但我们计算平均的数字并非拥有相同的单位，也没有相同的刻度。在这里更适当的是使用几何平均数，

并指出:

```
A = sqrt(3.5 * 8) ≈ 5.29
B = sqrt(5 * 6.5) ≈ 5.70
```

在我们对 CSAT 和 NPS 得分进行标准化后,我们会发现实际上 B 的结果更好。

调和平均数是数据倒数的算术平均数的倒数。措辞虽稍显繁杂,但本质上,调和平均数在定位比率层次中数值中心方面表现卓越。你可以清晰地看到它与比率层次的紧密关联。

例如,考虑一系列从点 A 到点 B 的速度数值(以 mph 为单位):20 mph、60 mph、70 mph。如果我们希望了解平均速度,再次使用算术平均数计算得到$(60 + 70 + 20)/3 = 50$mph。但如果我们停下来思考一下,这开始变得不太合理。以 70mph 行驶的人花费的时间比以 20mph 行驶的人少,尽管距离相同。20、60 和 70 的调和平均数约为 37.1mph,这更有意义,因为从另一个角度看,调和平均数告诉我们:"这三个人行驶的总时间中,平均速度略高于37mph。"数据的所有不同平均数的计算方法都在图 2-5 和表 2-4 中做了讨论。

表 2-4　各种类型平均数的概述

均值类型	描述	数据层次	适用场景	非适用场景
算术平均数	加法平均数	区间和比率	• 数据具有一致的单位 • 数据具有可加性	• 当我们不希望均值受到异常值的影响时
几何平均数	乘法平均数	比率	• 数据具有乘法性质 • 数据处于不同的刻度或具有不同的单位	• 如果刻度和单位很重要,几何平均数可能会掩盖它们 • 数据包含零或负值

(续表)

均值类型	描述	数据层次	适用场景	非适用场景
调和平均数	数据倒数的算术平均数的倒数	比率	数据值是其他值的比例(分数)	• 对于不熟悉调和平均数的人来说,解释起来可能有困难 • 数据包含零或负值

在处理四个数据层级的情况下(图 2-6、表 2-5),我们可能难以确定所使用的刻度。一般而言,如果错误地将一个特征诊断为比率层次而实际上应该是区间层次,通常是可以接受的。然而,我们不应该混淆应该是定量的数据和本应该是定性的数据,反之亦然。

警告　我不会停下所有工作,去牢记数据的四个层次以及自己的数据如何适应这些层次。不同层次是一个有用的分类系统,可以揭示某些思维方式。例如,如果你在尝试弄清楚一个数字是否适于衡量社交媒体平台上的参与度时陷入困境,那么停下来思考一下你是否需要一个处于区间或比率刻度的数字会很有帮助。如果你最终得到的指标不在比率刻度上,那么在营销材料宣称"今天将你的参与度得分加倍,效果翻倍"之前,你可能需要三思,因为这未必是该指标的含义。

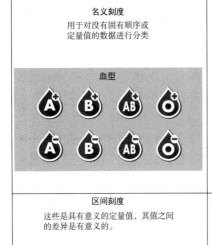

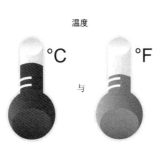

名义刻度
用于对没有固有顺序或定量值的数据进行分类

血型

序数刻度
用于赋予一种秩序感，但没有定量值

字母等级

区间刻度
这些是具有意义的定量值，其值之间的差异是有意义的。

温度

比率刻度
这些是具有可解释差异并且存在真正零点的定量值，可以执行复杂的数学运算

身高

图 2-6　数据类型

表 2-5　数据层次的摘要

数据层次	描述	示例	允许的操作类型
名义	没有顺序的定性变量	• 血型 • 居住状态	• 众数 • 值计数
序数	有序定性变量	• 成绩 • 公司职级	• 众数 • 值计数 • 中位数(在一定程度上)

(续表)

数据层次	描述	示例	允许的操作类型
区间	没有绝对零点的定量变量	• 温度	• 均值 • 标准差 • 算术平均数
比率	具有绝对零点的定量变量	• 货币 • 距离 • 高度	• 均值 • 标准差 • 算术平均数 • 调和平均数 • 几何平均数

2.3 特征工程的类型

整本书中我们将提到的特征工程共有五类。这些类别是案例研究的主要结构单元,几乎每个特征工程步骤都会归类到这五个类别之一。

2.3.1 特征改进

特征改进技术涉及通过各种转换增强现有的结构化特征(见图 2-7)。这通常体现为对数值特征进行转换。常见的改进步骤包括填充缺失数据值、标准化和归一化。我们将在第一个案例研究中深入介绍这些特征改进技术。

回到我们的数据层次,可执行的特征改进类型取决于待处理特征所在的数据层次。例如,假设处理的是数据集中具有缺失值的特征。如果我们处理的是名义或序数层次的数据,可以通过使用该特征的最常见值(众数)或使用最近邻算法来"预测"缺失值,以填补缺失值。如果特征属于区间或比率层次,可使用其中一个毕达哥拉斯平均数,或者使用中位数进行填充。总体而言,如果数据存在很多离群值,我们更倾向于使用中位数(或几何平均数/调和平均数,如果适用的话),如果数据没有太多离群值,我们会使用算术平均数。

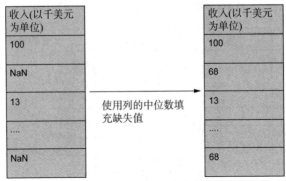

图 2-7　特征改进技术依赖于数学变换，通过改变数据的值和统计信息，使其
　　　　更好地融入我们的机器学习流程。这可能包括应用 z 分数变换、用数
　　　　据的统计中位数填充缺失值等手段。在我们的早期案例研究中，特征
　　　　改进将扮演重要角色

我们希望在以下情况下进行特征改进。

(1) 希望使用的特征无法被机器学习模型使用时(例如，存在缺失值)。

(2) 当特征存在极端的离群值可能影响机器学习模型性能时。

2.3.2　特征构建

特征构建涉及通过直接转换现有特征或将原始数据与新数据源合并，手动创建新特征的过程(见图 2-8)。例如，如果正在处理一个住房数据集，并试图预测某个家庭在某项法案上的投票方式，我们可能会考虑该家庭的总收入。还可能希望找到另一个包含家庭人口数量的数据源，并将其作为特征之一。这种情况下，我们通过从新数据源中提取信息来构建一个新特征。

图 2-9 中的构建示例还包括将类别特征转换为数值特征，或反之——通过分桶将数值特征转换为类别特征。

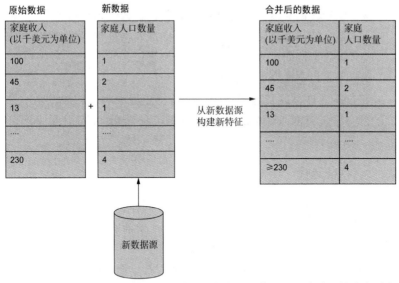

图 2-8 特征构建通常指的是从新数据源中合并新特征。这个过程的难点通常在于将旧数据与新数据进行合并，确保它们对齐并具有合理的含义

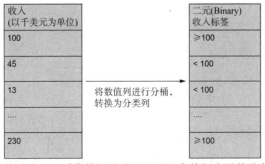

图 2-9 特征构建也可以看作特征改进，即对现有特征应用某种变换。这里的区别在于，应用变换后，特征的可解释性发生了巨大变化。这种情况下，我们将原始的数值收入特征改变为新的类别分桶特征。虽然大体上包含的信息相同，但机器学习算法现在必须以全新方式在一个全新维度上处理这个特征

我们希望在发生以下情况时执行特征构建：

- 原始数据集没有足够的信号来执行机器学习任务。
- 某个特征经过转换后,其信号比原始特征更显著(我们将在医疗案例研究中看到这方面的例子)。
- 需要将定性变量映射为定量特征。

特征构建通常既费时又费力,是特征工程中对领域知识要求最高的部分。没有深入理解底层问题领域,手工制作特征几乎是不可能的。

2.3.3　特征选择

在机器学习任务中,并非所有特征都同样有用。特征选择涉及从现有特征集中精选出最佳特征,以减少模型需要学习的特征总数,同时降低特征相互依赖的可能性(见图 2-10)。如果出现特征相互依赖的情况,我们可能面临模型中存在混淆特征的挑战,而这通常导致整体性能下降。这一过程常常需要耗费时间和精力,因为它要求对问题领域有深入的了解。

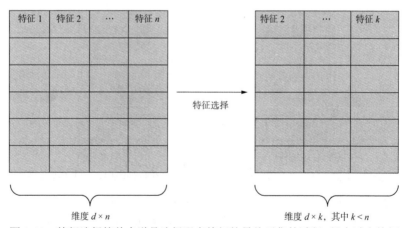

图 2-10　特征选择简单来说是选择现有特征的最佳子集的过程,旨在减少特征之间的依赖关系(可能导致机器学习模型混淆),同时最大限度地提高数据效率(通常较少的数据意味着更小、更快的模型)

我们希望在发生以下情况时执行特征选择:

- 我们面临维度灾难,并且拥有太多列,无法有效地表示数据集内的观测数量。
- 特征之间存在相互依赖关系。如果特征相互依赖,就违反了机器学习中一个常见的假设,即特征应该是相互独立的。
- 机器学习模型的速度很重要。通常来说,减少模型需要考虑的特征数量能够降低复杂性,提高整体流程的速度。

在几乎所有的案例研究中,我们将采用多个选择标准进行特征选择,其中包括假设检验和基于树模型的信息增益。

2.3.4　特征提取

特征提取根据对数据潜在形状的假设自动创建新特征。其中的例子包括应用线性代数技术进行主成分分析(PCA)和奇异值分解(SVD)。我们将在自然语言处理案例研究中详细介绍这些概念。关键在于,任何属于特征提取范畴的算法都对数据做出了假设,如果这些假设不成立,可能导致生成的数据集比其原始形式更不适用。

一种常见的特征提取技术涉及学习单词的词汇,并将原始文本转换为一个单词计数的向量,其中每个特征表示一个标记(通常是一个单词或短语),而值表示该标记在文本中出现的频率。这种对文本的多热编码通常称为词袋模型,具有许多优点,包括易于实现和产生可解释的特征(见图 2-11)。在我们的 NLP 案例研究中,将比较这一经典的 NLP 技术与基于深度学习的特征学习模型的差异。

我们希望在发生以下情况时执行特征提取:

- 对数据做出一些假设并依赖快速的数学变换来发现新特征时,我们希望进行特征提取(将在未来的案例研究中深入探讨这些假设)。
- 处理非结构化数据,如文本、图像和视频。

- 与特征选择类似，当处理过多无用特征时，特征提取可以帮助我们降低整体维度。

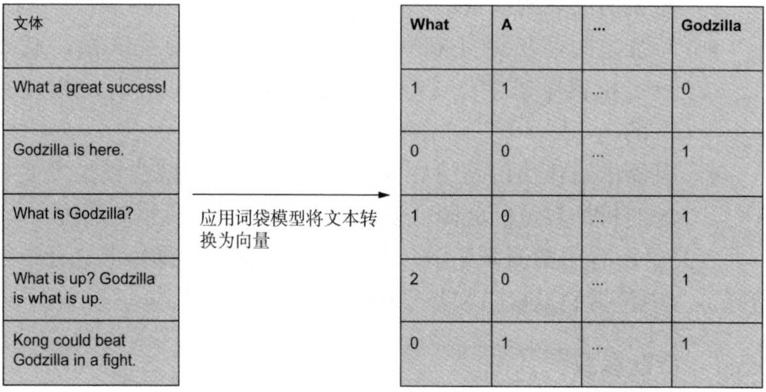

文体		What	A	...	Godzilla
What a great success!		1	1	...	0
Godzilla is here.		0	0	...	1
What is Godzilla?	应用词袋模型将文本转换为向量	1	0	...	1
What is up? Godzilla is what is up.		2	0	...	1
Kong could beat Godzilla in a fight.		0	1	...	1

图 2-11　词袋模型将原始文本转换为单词计数的多热编码

2.3.5　特征学习

特征学习(有时称为表示学习)类似于特征提取，因为我们试图从原始的非结构化数据(如文本、图像和视频)中自动生成一组特征。然而，特征学习的不同之处在于它是通过应用非参数化的深度学习模型来实现的，这意味着不对原始底层数据的形状做出任何假设，目的是自动发现原始数据的潜在表示。特征学习是特征工程的高级形式，我们将在自然语言处理和图像案例研究中看到这方面的例子(见图 2-12)。

特征学习通常被视为手动特征工程的替代方案，因为它承诺为我们发现特征，而不是让我们自己去做。当然，这种方法也有不足之处：

- 需要设置一个初步的学习任务来学习我们的表示，这可能需要更多数据。
- 自动学习的表示可能不如人工设计的特征优秀。
- 机器学得的特征通常难以解释，因为它们是机器生成的，没有考虑可解释性。

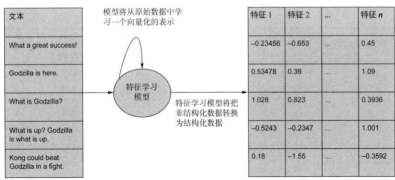

图 2-12　通常被认为是最难的特征工程技术，特征学习是通过某种非参数特征学习模型(如自编码器，我们将在 NLP 案例研究中使用；又如生成对抗网络，我们将在图像案例研究中看到)学习一整套全新特征的过程

总体而言，我们希望在发生以下情况时执行特征学习：

- 我们不能对数据做出确定的假设(就像在特征提取中一样)，并且我们正在处理非结构化的数据，如文本、图像和视频。
- 在特征选择方面，就像在特征提取中一样，特征学习有助于降低整体维度，并在必要时扩展维度。

表 2-6 详细描述并提供了特征工程技术的示例，这些技术将在本书后续部分进行介绍。

表 2-6　特征工程类型的总结

特征工程技术	描述	我们将在整本书中看到并使用的例子
特征改进	使用数学公式来增强特定特征的预测能力	• 缺失值插补 • 缩放/归一化
特征构建	从现有特征或新数据源创建新特征	• 将特征相乘/相除 • 与新数据集连接
特征选择	删除现有特征的子集，以获得最有用的特征子集	• 假设检验 • 递归特征消除

特征工程技术	描述	我们将在整本书中看到并使用的例子
特征提取	对特定特征子集应用参数化数学变换，以创建一组新特征	● 主成分分析 ● 奇异值分解
特征学习	利用非参数方法从来自非结构化来源的数据中创建一组结构化特征	● 生成对抗网络 ● 自编码器 ● 限制性玻尔兹曼机

2.4　如何评估特征工程的成果

需要再次强调的是，优秀的模型离不开优质的数据。进垃圾，就会出垃圾。当我们面对糟糕的数据时，模型容易产生有害的偏见，而性能的提升也变得困难。在本书的整个过程中，我们会以多种方式定义什么是"优秀"。

2.4.1　评估指标1：机器学习度量标准

相对于基准，机器学习度量标准可能是最直接的方法；这包括查看在对数据应用特征工程方法之前和之后的模型性能。步骤如下：

(1) 在应用任何特征工程前，获取我们计划使用的机器学习模型的基准性能。

(2) 对数据进行特征工程。

(3) 对数据进行特征工程后，再次从机器学习模型获取新的性能指标值，与第一步得到的值进行比较。如果性能有所改善且超过了数据科学家定义的某个阈值，我们的特征工程工作就算成功。注意，应该同时考虑模型性能的变化和特征工程的难易程度。例如，是否值得花钱购买第三方数据来增强数据，以在验证集上提高0.5%的准确性，完全取决于模型利益相关者的决策。

注意　监督指标,如准确度和召回率(我们将在第一个案例研究中介绍),只是我们用来评估模型表现的诸多指标之一。我们还可将无监督指标(如戴维斯-布尔丁指数)用于聚类,但这并不是本书中任何案例研究的重点。

2.4.2　评估指标 2:可解释性

数据科学家和其他模型利益相关者应认真关注流程的可解释性,因为它可能影响业务和工程决策。可解释性可以定义为我们能够向模型提问"为什么",它做出某个决策,并将该决策追溯到模型决策中最关键的个别特征或特征组。

假设我们是数据科学家,正在构建一个机器学习模型,用于预测用户是垃圾邮件机器人的概率。可使用单击速度这样的特征来构建模型。当模型投入生产时,存在一些误报风险,即模型可能误认为某些用户是机器人而将其从网站中踢出。为对用户保持透明,我们希望模型具有一定的可解释性,以便诊断出模型在做出这一预测时认定的最重要特征,并在必要时重新设计模型。特征工程程序的选择可能极大地增强或严重阻碍我们解释模型执行方式的能力。特征的改进、构建和选择通常有助于我们了解模型的性能,而特征学习和特征提取技术通常会降低机器学习流程的透明度。

2.4.3　评估指标 3:公平性和偏见

在数据科学领域,必须对模型进行公平性评估,以确保它们不会基于数据中固有的偏见生成预测。这在对个体影响重大的领域尤为重要,如金融贷款系统、识别算法、欺诈检测和学术表现预测。在 2020 年的一项数据科学调查中,超过一半的受访者表示,他们已经实施或计划实施方案,让模型更加透明、易理解(可解释性强),而关于提高公平性和减少偏见方面,只有 38%的受访者表示他们有相应的计划或已实施相关措施。人工智能和机器学习模型容易放大数据中的偏见,这种放大作用可能对被数据歧视的群体造成伤害。

适当的特征工程可以揭示某些偏见，并有助于在模型训练阶段减少这些偏见。

2.4.4 评估指标4：机器学习复杂性和速度

机器学习流程的复杂性、大小和速度常被忽视，但它们有时是部署成功与否的关键。就像之前提到的，数据科学家有时会偏好使用大型学习算法，如神经网络或集成模型，而不是精心进行特征工程(寄希望于模型能够自我解决问题)。但这些模型往往存在缺点，如内存占用大，训练和预测速度慢。大部分数据科学家都有过这样的经历：经过几周的数据处理、模型训练和密集评估之后，最终发现模型的预测速度不够快或占用的内存过多，无法满足上线条件。诸如降维(属于特征工程中的特征提取和特征学习)的技术在这里就显得尤为重要。通过缩减数据规模，可预期模型大小的减少和运行速度的提升。

我们将如何处理特征工程过程

在整本书中，我们将遵循本章学到的一套指导方针(图2-13)。

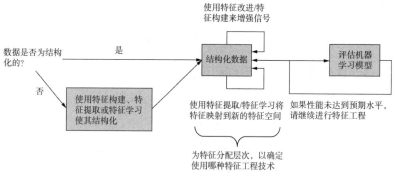

图2-13　本书中将采用的特征工程流程概要

(1) 将处理非结构化数据，并通过特征提取或特征学习将其转化为结构化数据。

(2) 将为特征分配一个数据层次，并从该层次使用所有四种特征工程类型来进一步增强我们的结构化数据。

(3) 将使用这些数据来评估机器学习模型。

(4) 将根据需要进行迭代，直至达到我们满意的性能阈值。

可能会在个别案例研究中有所变通，但这是我们处理特征工程的总体方法。

2.5　本章小结

- 每个特征都属于数据的四个层次 (名义、序数、区间和比率) 之一，了解正在处理的数据层次可以帮助我们了解允许执行哪些类型的转换。
- 通常有五种特征工程技术(特征改进、特征构建、特征选择、特征提取和特征学习)；每一种都有其优劣之处，并在特定情境中发挥作用。
- 可通过查看机器学习度量标准、可解释性、公平性和偏见以及机器学习复杂性和速度来评估特征工程流程。
- 在整本书中，将遵循一般的特征工程流程，以帮助指导接下来应该采取哪些步骤。

第3章

医疗服务：COVID-19 的诊断

本章主要内容：

- 分析表格数据，评估哪些特征工程技术将对其产生积极影响
- 在表格数据上实施特征改进、特征构建和特征选择
- 利用 scikit-learn 的 Pipeline 和 FeatureUnion 类创建可复现的特征工程流程
- 在问题领域内解读机器学习指标，以评估特征工程流程

在第一个案例研究中，我们将专注于更经典的特征工程技术，这些技术几乎适用于任何表格数据(具有经典行和列结构的数据)，如数值插补、分类数据虚拟化以及通过假设检验进行的特征选择。表格数据集(见图 3-1)非常普遍，毫无疑问，任何数据科学家在职业生涯中都将不可避免地处理表格数据。表格数据有许多优势：

- 这是一种可解释的格式。行代表观测值，列代表特征。
- 表格数据易于大多数专业人士理解，不仅局限于数据科学

家。通过提供一份包含行和列的电子表格，能够被广泛的
人群理解。

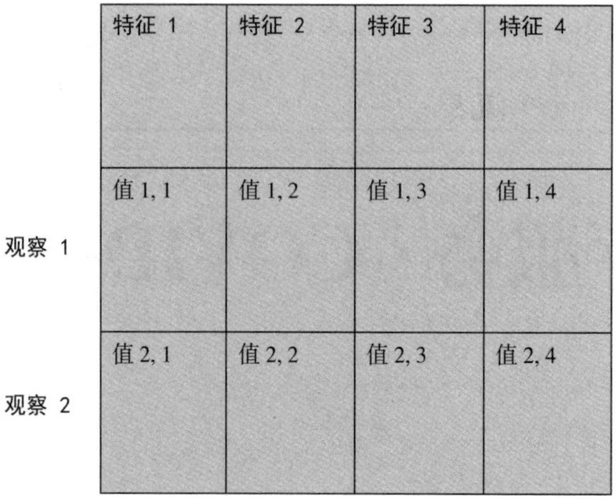

特征 1	特征 2	特征 3	特征 4
值 1, 1	值 1, 2	值 1, 3	值 1, 4
值 2, 1	值 2, 2	值 2, 3	值 2, 4

观察 1 对应第一行数据，观察 2 对应第二行数据。

图 3-1　表格数据由行(也称为观测或样本)和列(我们常称为特征)组成

　　在处理表格数据时，也存在一些劣势。主要问题在于，适用于表
格数据的特征工程技术几乎是无穷无尽的。没有一本书能够合理地包
含每一种用于表格数据的特征工程技术。本章的目标是展示一些常见
而实用的技术，包括尾部插补、Box-Cox 转换和特征选择等，为读者
提供一些思路和代码示例，让你能够深刻理解并灵活应用这些技术。

　　在这一章的开头，将对数据集进行一次探索性数据分析。我们
的目的是理解数据集内的每一个特征，并将它们分类到四个数据层
次中的一个。我们还会通过一些可视化手段来更好地感知和理解我
们手头的数据。一旦对数据有了清晰认识，就可以改进数据集内的
特征，使它们在我们的机器学习(ML)流程中更加有效。改进特征后，
我们将构建一些新特征，为机器学习流程提供更多有效信息。然后，
将了解一些特征选择的方法，看能否剔除一些多余的特征。这样做
的目的是加快机器学习流程并提高性能。最后，将总结我们的发现，
并确定一个最适合任务的特征工程流程。

　　遵循这个步骤，我希望你能完整地体验并掌握一个端到端的工

作流程，用于处理 Python 中的表格数据。这个过程旨在为你提供一个思维框架，帮助你应对可能遇到的其他表格数据问题。现在，让我们开始探索第一个数据集。

3.1 COVID 流感诊断数据集

这个案例研究的数据集由代表前来就诊的患者的观测数据组成。这些数据特征包括患者的基本信息以及他们出现的症状。这些数据收集自多个公认的权威出版物，包括著名的《新英格兰医学杂志》。

关于响应变量，我们可从两个类别中进行选择。诊断可能是以下两种情况之一：

- COVID-19——一种由 SARS-CoV-2 病毒引起的疾病。
- H1N1——流感的一个亚型。

当然，这个数据集并不完美，但对目前的需求而言，它已足够。对这批数据的基本假设是：患者表现出某种疾病的症状，而我们的模型应能根据这些症状提出相应的诊断建议。

项目计划通常包括以下几个步骤：

(1) 首先下载或导入数据，并进行一些初步的准备工作，如重命名列等。

(2) 执行一些探索性数据分析，以了解我们手头的数据列种类，并为每一列确定数据层次。

(3) 将数据分为训练集和测试集，这样就可在训练集上训练模型，并通过在测试集上评估来获取更公平的性能指标。

(4) 构建一个机器学习流程，其中包括特征工程算法和机器学习算法，如逻辑回归、随机森林等。

(5) 在训练集上进行交叉验证，以寻找流程中最优的参数组合。

(6) 使用整个训练集来训练最佳模型，对其在测试集上进行评估，并输出机器学习流程的性能指标。

(7) 重复第(4)到第(6)步，应用不同的特征工程技术，以评估我们在特征工程上的努力成效如何。

注意 需要明确指出的是，这个案例研究的目的并不是成为COVID-19 的诊断工具。我们的目的是展示特征工程工具及其在一个以 医疗保健为导向的二元分类任务中的应用。

3.1.1 问题陈述与成功定义

在处理所有数据集时，定义目标至关重要。如果我们盲目地深入数据并开始应用转换，却没有明确成功的目标，就面临着改变数据并恶化情况的风险。

在我们运用机器学习来诊断疾病的情境中，结果只有两个选择：COVID-19 或 H1N1。我们面临着一个二元分类问题。

可以简单地将问题定义为采取一切必要的措施来提高机器学习模型在诊断中的准确性。这似乎是无害的，直到我们最终了解到，数据集中近四分之三的样本被诊断为 H1N1。对于不平衡的数据集，聚合度量的准确性是不可靠的，它会使 H1N1 样本的准确性高于COVID-19 病例的准确性，因为这将对数据集的整体准确性产生影响，但我们需要更加细致入微。例如，我们希望了解机器学习模型在两个类别上的性能，以了解模型在预测每个类别时的表现如何，而不仅是查看聚合的准确性指标。

为此，让我们编写一个函数，该函数接收训练和测试数据(见代码清单 3-1)；假设将是 scikit-learn Pipeline 对象的特征工程流程。该流程将执行以下几个步骤：

(1) 实例化一个 ExtraTreesClassifier 模型和一个 GridSearchCV 实例。

(2) 将特征工程流程拟合到训练数据。

(3) 使用已拟合的数据流程转换测试数据。

(4) 进行快速的超参数搜索，找到测试集上准确性最高的参数集。

(5) 在测试数据上计算一个分类报告，以查看详细性能。

(6) 返回最佳模型。

代码清单 3-1　基础网格搜索代码

```
def simple_grid_search(
    x_train, y_train, x_test, y_test, feature_engineering_pipeline):
    '''
    一个简单的辅助函数，用于对 ExtraTreesClassifier 模型进行网格搜索，并输出
    一个分类报告。这里的最佳模型是指在训练集上具有最佳交叉验证准确性的
    模型
    '''

    params = { #一些用于网格搜索的简单参数
        'max_depth': [10, None],
        'n_estimators': [10, 50, 100, 500],
        'criterion': ['gini', 'entropy']
    }

    base_model = ExtraTreesClassifier()

    model_grid_search = GridSearchCV(base_model, param_grid=
    params, cv=3)
    start_time = time.time() #记录开始时间
    # 对训练数据进行特征工程流程的拟合，并利用该流程转换测试数据
    if feature_engineering_pipeline:
        parsed_x_train = feature_engineering_pipeline.fit_transform(
            x_train, y_train)
        parsed_x_test = feature_engineering_pipeline.transform
        (x_test)
    else:
        parsed_x_train = x_train
        parsed_x_test = x_test

    parse_time = time.time()
    print(f"Parsing took {(parse_time - start_time):.2f} seconds")

    model_grid_search.fit(parsed_x_train, y_train)
    fit_time = time.time()
    print(f"Training took {(fit_time - start_time):.2f} seconds")
```

```
best_model = model_grid_search.best_estimator_

print(classification_report(
    y_true=y_test, y_pred=best_model.predict(parsed_x_test)))
end_time = time.time()
print(f"Overall took {(end_time - start_time):.2f} seconds")

return best_model
```

　　有了这个函数的定义,我们现在有了一个易于使用的辅助函数。通过传入训练和测试数据以及特征工程流程,我们可以迅速了解该流程在工作中的表现如何。更重要的是,它将有助于强调我们的目标并非在模型上进行冗长且繁杂的超参数搜索,而是要观察数据对机器学习性能的影响。

　　我们几乎准备好深入研究第一个案例研究了!首先,需要讨论如何定义成功。每一章,我们都会花些时间探讨如何在工作中定义成功。就像进行统计测试一样,定义成功是至关重要的,在查看任何数据前,这可以避免产生偏见。大多数情况下,成功将以衡量特定指标的形式呈现,有时还会综合考虑多个指标。

　　与大多数健康诊断模型一样,我们希望超越简单的度量,如准确性,真正了解机器学习模型的性能。对于我们的目的,将关注每个类别的准确度(该类别中正确标记的诊断占尝试诊断该类别的百分比)以及召回率(该类别中正确标记的诊断占该类别中所有观察的百分比)。

准确度和召回率

　　值得简要回顾一下准确度和召回率。在二元分类任务中,对于特定类别,准确度(即阳性预测值)的定义如下:

真阳性/预测的阳性

　　准确度将告诉我们对于模型应该有多大的信心;如果 COVID-19 模型的准确度为91%,那么在测试集中,当模型预测 COVID-19 时,有 91%的准确率，而另外的 9%中我们将 H1N1 误诊为 COVID-19。

召回率(即灵敏度)也是针对各个类别定义的，其计算公式为：

真阳性/所有阳性病历

召回率表示模型能够捕捉多少个 COVID-19 病例。如果 COVID-19 模型的召回率为 85%，这意味着在测试中，对于实际存在的 COVID-19 案例，模型正确地将 85%的情况分类为 COVID-19，而将其他 15%错误地分类为 H1N1。

3.2　探索性数据分析

在深入研究特征工程技术之前，让我们使用流行的数据处理工具 pandas 来摄取数据，并进行一些探索性数据分析(EDA)，以了解数据是什么样子的(见图 3-2)。在所有案例研究中，都将依赖于 pandas 的强大和简便功能来整理数据。

```
import pandas as pd
covid_flu = pd.read_csv('../data/covid_flu.csv')
covid_flu.head() # 返回数据集的前 5 行记录
```

Diagnosis	InitialPCRDiagnosis	Age	Sex	NumberOfFamilyMembersInfected	neutrophil	serumLevelsOfWhiteBloodCell	lymphocytes	Plateletes
H1N1	NaN	67.0	F		NaN	NaN	NaN	NaN	NaN
H1N1	NaN	29.0	M		NaN	NaN	NaN	NaN	NaN
H1N1	NaN	22.0	F		NaN	NaN	NaN	NaN	NaN
H1N1	NaN	20.0	F		NaN	NaN	NaN	NaN	NaN
H1N1	NaN	21.0	M		NaN	NaN	NaN	NaN	NaN

图 3-2　下面看一下 covid_flu 数据集的前五行

注意数据中 NaN(非数字)值的数量，这表示缺失的值。这将是我们首先处理的问题。让我们看看每个特征缺失值的百分比：

```
covid_flu.isnull().mean() # 每列缺失值的百分比
Diagnosis                    0.000000
InitialPCRDiagnosis          0.929825
Age                          0.018893
```

```
Sex                          0.051282
neutrophil                   0.930499
serumLevelsOfWhiteBloodCell  0.898111
lymphocytes                  0.894737
CReactiveProteinLevels       0.907557
DurationOfIllness            0.941296
CTscanResults                0.892713
RiskFactors                  0.858974
GroundGlassOpacity           0.937247
Diarrhea                     0.696356
Fever                        0.377193
Coughing                     0.420378
ShortnessOfBreath            0.949393
SoreThroat                   0.547908
NauseaVomiting               0.715924
Temperature                  0.576248
Fatigue                      0.641700
```

可以看出工作量相当大。模型中的每个特征都有一些缺失的值，有些特征缺失的值超过90%！大多数机器学习模型都无法处理缺失值。特征改进的第一步将立即着手处理这些缺失值，讨论填充这些缺失值的方法，使它们可以被机器学习模型使用。

唯一没有任何缺失值的列是 Diagnosis 列，因为这是我们的响应变量。让我们看一下各个类别的百分比分布：

```
covid_flu['Diagnosis'].value_counts(normalize=True)  #响应变
量的百分比分布
```
➥ response variable

```
H1N1     0.723347
COVID19  0.276653
```

最常见的类别是 H1N1，占响应变量的 72%左右。空准确率(null accuracy)是 72%——这只是一次又一次地猜测最常见类别的分类模型的准确率。机器学习流程的绝对基准将超过空准确率。如果模型只是为每个人猜测 H1N1，从技术角度看，该模型在 72%的时间内是准确的，即使实际上它并没有真正做任何事情。但是，即使是一个猜测的机器学习模型也有 72% 的准确率。

注意 如果分类机器学习模型无法超过空准确率，模型就不过是在猜测最常见的响应值而已。

最后但同样重要的是，我们需要了解哪些列是定量的，哪些是定性的。在调查用于机器学习的几乎每个表格数据集时，这一步是必要的，因为它将帮助我们更好地理解可以将哪些特征工程技术应用于哪些列，如代码清单 3-2 所示。

代码清单 3-2　检查数据集的数据类型

```
covid_flu.info()

RangeIndex: 1482 entries, 0 to 1481
Data columns (total 20 columns):
 #   Column                        Non-Null Count   Dtype
---  ------                        --------------   -----
 0   Diagnosis                     1482 non-null    object
 1   InitialPCRDiagnosis           104 non-null     object
 2   Age                           1454 non-null    float64
 3   Sex                           1406 non-null    object
 4   neutrophil                    103 non-null     float64
 5   serumLevelsOfWhiteBloodCell   151 non-null     float64
 6   lymphocytes                   156 non-null     float64
 7   CReactiveProteinLevels        137 non-null     object
 8   DurationOfIllness             87 non-null      float64
 9   CTscanResults                 159 non-null     object
 10  RiskFactors                   209 non-null     object
 11  GroundGlassOpacity            93 non-null      object
 12  Diarrhea                      450 non-null     object
 13  Fever                         923 non-null     object
 14  Coughing                      859 non-null     object
 15  ShortnessOfBreath             75 non-null      object
 16  SoreThroat                    670 non-null     object
 17  NauseaVomitting               421 non-null     object
```

```
18    Temperature                628 non-null     float64
19    Fatigue                    531 non-null     object
dtypes: float64(6), object(14)
memory usage: 231.7+ KB
```

info 方法展示了各列的数据类型,其中包括被识别为对象(object)的定性列,以及被标记为 float64 类型的定量列。现在我们对数据有了更深入的认识,接下来将着手进行特征工程。

注意 pandas 根据数据集内的值对数据进行自动假设处理。可能存在这种情况,pandas 可能将某个列归类为定量数据,但实际上,基于其值的性质(如电话号码或邮政编码等),该列可能应被视为定性数据。

3.3 特征改进

在前面的分析中,我们发现特征列中存在大量的缺失值。实际上,每个特征都有需要我们填补的缺失数据,这对于大多数机器学习模型来说是必需的。在本案例研究中,将探讨两种特征改进方法。

- 数据插补:这是特征改进的最常用方法。我们将研究几种针对定性和定量数据的数据插补方法,即填补缺失值。
- 值标准化:这个过程包括将感知的值映射到固定的值。在我们的数据集中,会看到二元特征通过"是"和"否"等字符串表达值。需要将这些映射为 True 和 False 值,以便机器学习模型可有效利用这些值。

3.3.1 补充缺失的定量数据

正如我们在探索性数据分析(EDA)中所看到的,我们需要考虑大量缺失的数据。处理缺失值有两种选择:

- 可以删除包含缺失数据的记录，但这可能损失大量的有用数据。

- 可以填补缺失的值，这样就不必丢弃整条记录。

现在让我们了解如何使用 scikit-learn 来填补缺失值，将从数值数据开始。提取数值列并将它们放入一个列表中：

```
numeric_types = ['float16', 'float32', 'float64', 'int16',
'int32', 'int64']
➥ # pandas 中的数值类型
numerical_columns =
➥ covid_flu.select_dtypes(include=numeric_types).columns.tolist()
```

现在，我们应该有一个包含以下元素的列表：

```
['Age',
'neutrophil',
'serumLevelsOfWhiteBloodCell',
'lymphocytes',
'DurationOfIllness',
'Temperature']
```

可使用 scikit-learn 中的 SimpleImputer 类来填充大部分缺失值。让我们看看几种处理方式。

均值/中位数填补

我们对数值数据进行填补的第一选择是使用该特征的均值或中位数填充所有缺失值。要在 scikit-learn 中实现这一点，可使用 SimpleImputer：

使用 scikit-learn 的类进行缺失数据填补

对于数值类型，可以用均值或中位数填补

```
from sklearn.impute import SimpleImputer
num_impute = SimpleImputer(strategy='mean')
print(covid_flu['lymphocytes'].head())
print(f"\n\nMean of Lymphocytes column is
    {covid_flu['lymphocytes'].mean()}\n\n")
```

在填补之前显示前五个值

```
print(num_impute.fit_transform(covid_flu[['lymphocytes']]))[:5])
0    NaN
1    NaN
2    NaN                              转换操作将列转换为 NumPy 数组
3    NaN
4    NaN
Name: lymphocytes, dtype: float64

Mean of Lymphocytes column is 1.8501538461538463

[[1.85015385]
 [1.85015385]
 [1.85015385]
 [1.85015385]
 [1.85015385]]
```

因此，可看到缺失值已被替换为该列的均值。

任意值填补

任意值填补的方法包括用一个常数值替代缺失值，这个值表明该值不是随机缺失的。通常情况下，对于数值特征，我们可以使用诸如-1、0、99、999 的值。这些值在技术上并不是真正的任意值，但对机器学习模型而言，它们似乎是任意的，并表明该值可能不是偶然缺失的；可能有某种原因导致其缺失。在选择任意值时，唯一真正的规则是选择一个在非缺失值中不太可能出现的值。例如，如果温度值的范围是 90～110，那么值 99 就不够任意。对于这种情况，更好的选择可能是 999。

任意值填补的目标是通过使用与该列的值存在明显差异的值进行填充，从而让人可以一眼看出，它不是该列应该存在的值。在执行任意值填补时，最佳实践告诉我们不要使用看起来很"合理"的值进行填补。

对于数值和分类变量，任意值填补是有效的，因为它通过赋予"为什么这个值缺失"的概念为缺失值赋予了含义。而且，在scikit-learn 中通过 SimpleImputer 类实现起来也非常简便：

```
arbitrary_imputer = SimpleImputer(strategy='constant', fill_
value=999)
    arbitrary_imputer.fit_transform(covid_flu[numerical_features])
```

尾部填补

尾部填补是一种特别的任意插补方式，其特点是用来填补缺失值的常数值基于特征的分布来确定，且这个值位于分布的尾端。这种方法不仅能像使用均值/中位数填补那样，对缺失值进行填补，同时增加了一个优点：用来插补的所选值可自动生成，使得插补过程更为简便(参见图 3-3)。

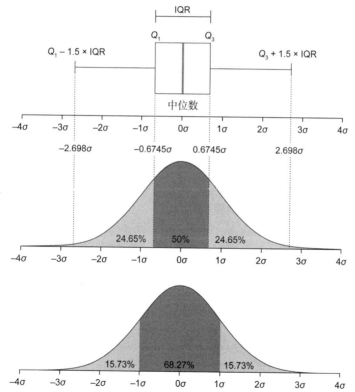

图 3-3　四分位距的可视化。对于偏斜的数据，我们希望将缺失值放置在 Q_1-1.5×IQR 或 Q_3+1.5×IQR 的位置

- 如果变量呈正态分布，那么任意值就是平均值加上 3 倍的标准差。使用 3 作为乘数是常见的，但数据科学家也可根据具体情况自行调整。
- 如果数据呈偏斜分布，那么我们可使用 IQR(四分位距)规则，通过将 1.5 倍的 IQR(即第 75 百分位数减去第 25 百分位数)添加到第 75 百分位数，或从第 25 百分位数减去 1.5 倍的 IQR，将值放置在分布的两端。

为实现这一点，我们将使用一个名为 feature-engine 的第三方包，该包提供了一个很好地与 scikit-learn 流程契合的尾部填补实现。让我们先来看一下淋巴细胞特征的原始直方图(见图 3-4)。

```
covid_flu['lymphocytes'].plot(
    title='Lymphocytes', kind='hist', xlabel='cells/μL'
)
```

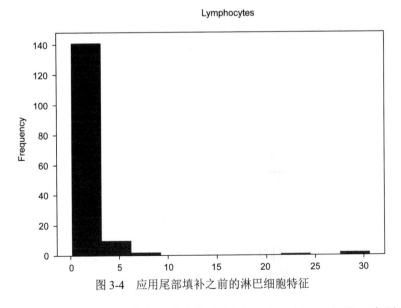

图 3-4　应用尾部填补之前的淋巴细胞特征

原始数据呈右偏分布，分布的左侧有一个凸起，右侧有一个尾巴。现在导入 EndOfTailImputer 类(见图 3-5)，并使用默认的高斯方法对该特征进行填充，该方法通过以下代码中的公式计算。

对淋巴细胞特征应用尾部填补器，并绘制直方图

有关更多信息，请参阅 https://feature-engine.readthedocs.io

```
arithmetic mean + 3 * standard deviation
```

导入尾部填补器

```
from feature_engine.imputation import EndOfTailImputer

EndOfTailImputer().fit_transform(covid_flu[['lymphocytes']]).plot(
    title='Lymphocytes (Imputed)', kind='hist', xlabel='cells/µL'
)
```

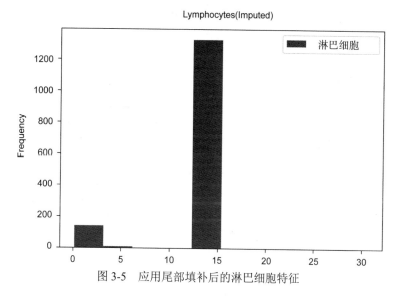

图 3-5　应用尾部填补后的淋巴细胞特征

　　填补器已经填充了值，现在可以看到在值约为 14 附近有一个大的条形。这些是我们填充的值。如果想要计算这是如何发生的，特征的算术平均值是 1.850154，标准差是 3.956668。因此，填补器正在填补如下的值：

```
1.850154 + (3 * 3.956668) = 13.720158
```

这与我们在直方图中看到的凸起吻合。

练习 3-1 如果算术平均值为 8.34，标准差为 2.35，那么 EndOfTailImputer 会用什么填充缺失值？

在填充定量数据时有很多选择，但我们还需要讨论如何为定性数据填充值。这是因为虽然这些技术十分相似，却是不同的。

3.3.2 填充缺失的定性数据

让我们把注意力转向定性数据，开始构建特征工程流程。首先获取分类列并将它们放入一个列表中，如代码清单 3-3 所示：

代码清单 3-3 对定性特征的值进行计数

```
categorical_types = ['O'] # The "object" type in pandas
categorical_columns = covid_flu.select_dtypes(
    include=categorical_types).columns.tolist()
categorical_columns.remove('Diagnosis')    ←
for categorical_column in categorical_columns:
    print('=======')                 我们想从这个列表中移除响应
    print(categorical_column)        变量，因为它不是机器学习模
    print('=======')                 型中的一个特征
    print(covid_flu[categorical_column].value_counts(dropna=False))


=======
InitialPCRDiagnosis
=======
NaN    1378
Yes     100
No        4
Name: InitialPCRDiagnosis, dtype: int64
=======
Sex
=======
M      748
F      658
```

```
NaN            76
Name: Sex, dtype: int64
...
=======
RiskFactors
=======
NaN                         1273
asthma                        36
pneumonia                     21
immuno                        21
diabetes                      16
                            ...
HepB                           1
pneumonia                      1
Hypertension and COPD          1
asthma, chronic, diabetes      1
Pre-eclampsia                  1
Name: RiskFactors, Length: 64, dtype: int64
```

　　所有分类列看起来都是二进制的，除了 RiskFactors，它似乎是一个比较混乱的、用逗号分隔的因素列表。在我们尝试处理 RiskFactors 之前，先整理一下二进制特征。

　　首先将 Sex 列转换为真/假(true/false)的二元列，然后在数据帧中将所有的 Yes 映射为 True，将所有的 No 映射为 False。这将使这些值成为可被机器读取的形式，因为在 Python 中，布尔值被视为 0 和 1。

```
covid_flu['Female'] = covid_flu['Sex'] == 'F'    将 Sex 列转换为
del covid_flu['Sex'] ◄━━━━━━━━━━━━━━━━━━━━━┛     一个二元列


covid_flu = covid_flu.replace({'Yes': True, 'No': False}) ◄━┓

                                           将 Yes 和 No 替换为
                                           True 和 False
```

以上代码片段为我们执行了两个操作。

(1) 创建一个名为 Female 的新列，如果 Sex 列指示为 Female，则该列为 True，否则为 False。

(2) 用 pandas 中的 replace 功能，在数据集中将所有 Yes 替换为 True，将所有 No 替换为 False。

使用最常见值进行填补

与数值数据一样，有多种方法来填补缺失的分类数据。其中一种方法被称为最常见类别填补或众数填补。顾名思义，我们简单地使用最常见的非缺失值替代缺失的值：

```
cat_impute = SimpleImputer(strategy='most_frequent')   对于分类值，可以是最频繁的
                                                        值，也可以是常数(任意值)
print(covid_flu['Coughing'].head())
print(cat_impute.fit_transform(
    covid_flu[['Coughing']])[:5])                       进行转换，将该列转
                                                        为 NumPy 数组
0    Yes
1    NaN
2    NaN
3    Yes
4    NaN
Name: Coughing, dtype: object
[['Yes']
 ['Yes']
 ['Yes']
 ['Yes']
 ['Yes']]
```

在数据中，可做一个假设，允许我们使用另一种类型的填补方法。

任意类别填补

与数值的任意值填补类似，对于分类值，可应用这种方法，要么创建一个新的类别，称为 Missing 或 Unknown，让机器学习算法学习该类别，要么基于对缺失值的假设进行填充。

让我们对缺失的分类数据做一个假设，即如果某个分类值(在我们的数据中代表一种症状)缺失，那么负责记录的医生可能认为患者

没有表现出这个症状，因此更可能是没有这个症状。基本上，我们将用 False 替换所有缺失的分类值。

这可简单地通过 SimpleImputer 完成：

```
fill_with_false = SimpleImputer(strategy='constant', fill_
value=False)
fill_with_false.fit_transform(covid_flu[binary_features])
```

就是这样！

3.4 特征构建

就像我们在上一章中所讨论的那样，特征构建是通过直接转换现有特征来手动创建新特征的过程，而我们正准备做这件事。在本节中，我们将仔细审视特征，并根据数据层次(例如，序数、名义等)对它们进行转换。

3.4.1 数值特征的转换

在本节中，我们将探讨一些从最初的特征中创建新特征的方法。目标是创造比起始特征更有用的新特征。首先对特征应用一些数学变换。

对数转换

对数变换可能是最常见的特征转换技术之一，它将列 x 中的每个值替换为 $\log(1 + x)$。为什么是 $1 + x$ 而不只是 x 呢？其中一个原因是我们希望能够处理 0 值，而 $\log(0)$ 是未定义的。事实上，对数变换只适用于严格为正的数据。

对数变换的总体目的是使数据呈现更接近正态分布的形态。这在许多情况下都是首选的，主要因为数据呈正态分布是数据科学中最经常被忽视的假设之一。许多底层测试和算法都假设数据是正态分布的，包括卡方检验和 logistic 回归等。将偏斜的数据转换为正态分布的另一个原因是这种变换通常会留下较少的异常值，而机器学习算法通常对异常值的处理效果较差。

在 NumPy 中，幸运的是，我们有一种简便方法进行对数转换(图 3-6 和图 3-7 显示了对数转换前后的效果)：

```
covid_flu['lymphocytes'].plot(
    title='Lymphocytes', kind='hist', xlabel='cells/μL'
)          ◀──────── 对数转换之前
covid_flu['lymphocytes'].map(np.log1p).plot(
    title='Lymphocytes (Log Transformed)', kind='hist', xlabel=
    'cells/μL'
)          ◀──────── 淋巴细胞的对数转换
```

经过对数转换后，数据呈现出更符合正态分布的趋势(图 3-7)。然而，还可采用另一种特征转换方法进一步优化。

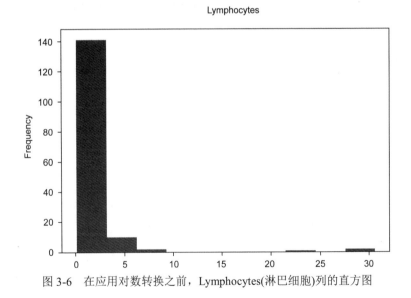

图 3-6　在应用对数转换之前，Lymphocytes(淋巴细胞)列的直方图

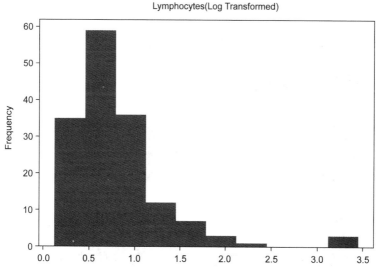

图 3-7   对数转换后 Lymphocytes 列的直方图。数据呈现更接近正态分布

Box-Cox 转换

一个不太常见(但很多情况下更有效)的转换方法是 Box-Cox 转换。Box-Cox 转换是通过一个参数 λ 来控制的，它能够改变数据的分布形态，使其更接近正态分布。

Box-Cox 转换的公式如下：

$$x_i^{(\lambda)} = \begin{cases} \dfrac{x_i^{\lambda} - 1}{\lambda} & \lambda \neq 0 \\[2mm] \ln(x_i) & \lambda = 0 \end{cases}$$

这里的 λ 是一个参数，通过选择合适的 λ 值可使数据看起来更接近正态分布。值得注意的是，Box-Cox 转换仅适用于严格为正的数据。

虽然不需要深入理解 Box-Cox 公式的每个细节，但了解其基本形式是有益的。在我们的应用场景中，可以利用 scikit-learn 库中的 PowerTransformer 类来执行 Box-Cox 转换。图 3-8 和图 3-9 展示了数据在进行 Box-Cox 转换前后的对比情况。

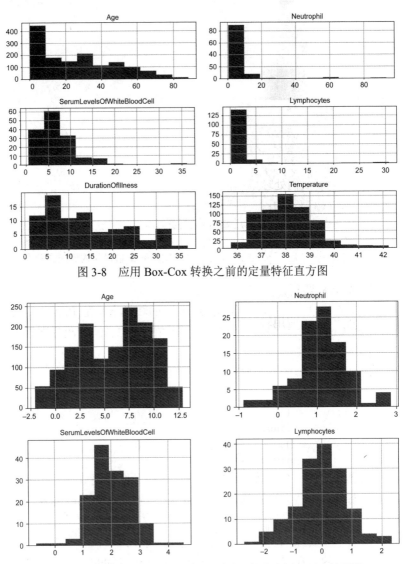

图 3-8　应用 Box-Cox 转换之前的定量特征直方图

图 3-9　经过 Box-Cox 转换后，定量特征的直方图呈现出比原始
　　　　特征更为正态的形态

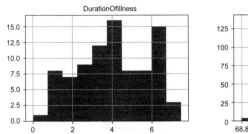
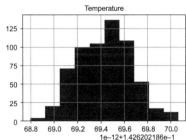

图 3-9　经过 Box-Cox 转换后，定量特征的直方图呈现出比原始
　　　　特征更为正态的形态(续)

首先，让我们处理一个事实，那就是 Age 列中有些零值，这使
得它不是严格为正的：

看起来 Age 列可能包含一些零值，这会影响 Box-Cox 转换的适用性

```
covid_flu[covid_flu['Age']==0].head(3)  ←
```

使 Age 值严格为正

```
covid_flu['Age'] = covid_flu['Age'] + 0.01  ←
pd.DataFrame(covid_flu[numerical_columns]).hist(figsize=(10, 10))
```

现在，可以应用转换：

```
from sklearn.preprocessing import PowerTransformer

boxcox_transformer = PowerTransformer(method='Box-Cox',
standardize=False)
pd.DataFrame(
    boxcox_transformer.fit_transform(covid_flu[numerical
    _columns]),
    columns=numerical_columns
).hist(figsize=(10, 10))
```

甚至可查看选定的 lambda 值，以使数据更趋向于正态(图 3-9)。
若 lambda 值接近 1，则说明数据已经接近正态分布的形态，不需要
太多转换：

```
boxcox_transformer.lambdas_
```

```
array([ 0.41035252, -0.22261792,  0.12473207,
       -0.24415703,  0.36376996, -7.01162857])
```

规范化负数数据

PowerTransformer 类还支持 Yeo-Johnson 转换，该转换旨在使分布更趋于正态，但它具有一项修改，允许在负数数据上使用。由于数据中不包含负值，因此我们没有使用该功能。

特征转换似乎是一个出色的通用方法，可使数据趋于正态，但使用对数和 Box-Cox 转换存在一些不足之处：

- 改变了原始变量的分布，这可能导致性能降低。
- 还改变了各种统计度量，包括变量之间的协方差。在依赖使用协方差的技术(如 PCA)时，这可能成为一个问题。
- 存在掩盖数据中异常值的风险，初听起来不错，但如果完全依赖这些转换，就意味着我们无法手动控制异常值的处理。

将在本章后面的特征工程中应用 Box-Cox 变换。通常，如果目标是强制数据呈正态分布，建议使用 Box-Cox 变换，因为对数变换是 Box-Cox 变换的一个特例。

特征缩放

在大多数包含数值特征的数据集中，我们经常遇到数据尺度相差悬殊的情形，有些尺度太大，以至于影响效率。有些算法的点之间的距离非常重要，如 k 近邻(k-NN)、k-means 聚类；有些算法依赖梯度下降，如神经网络和支持向量机(SVM)。对于这些算法而言，数据尺度相差悬殊成为问题。

接下来将讨论两种标准化方法：最小-最大标准化(min-max standardization)和 Z 分数标准化(z-score standardization)。最小-最大标准化将特征中的值缩放到 0 到 1 之间，而 Z 分数标准化将值缩放到均值为 0、方差为 1，允许出现负值。最小-最大标准化确保了每个特征都在相同的尺度上(从 0 到 1)，Z 分数标准化能更恰当地处理异常值，但不能保证数据最终处于完全相同的尺度上。

　　这两种转换不会像对数转换和 Box-Cox 转换那样影响特征的分布，都有助于减轻异常值对模型的影响。最小-最大标准化在处理异常值方面更困难，因此，如果数据中异常值很多，通常最好选择 Z 分数标准化。让我们通过先查看应用转换之前的数据(图 3-10)来实际看看这一点：

```
covid_flu[numerical_columns].describe()
```

	Age	Neutrophil	SerumLevelsOfWhiteBloodCell	Lymphocytes	DurationOfIllness	Temperature
count	1454.000000	103.000000	151.000000	156.000000	87.000000	628.000000
mean	26.481040	6.854078	6.885159	1.850154	13.988506	38.068312
std	21.487982	12.690131	4.346668	3.956668	9.043171	1.094468
min	0.010000	0.446000	0.500000	0.130000	1.000000	35.722222
25%	7.010000	2.160000	3.995000	0.637500	7.000000	37.222222
50%	24.010000	3.310000	5.690000	0.905500	12.000000	38.000000
75%	42.010000	6.645000	9.155000	1.605000	20.000000	38.722222
max	88.010000	93.000000	36.070000	30.600000	37.000000	42.222222

图 3-10　定量特征的描述性统计

　　可以看到，尺度、最小值、最大值、标准差和均值参差不齐(见图 3-11)！

	Age	Neutrophil	SerumLevelsOfWhiteBloodCell	Lymphocytes	DurationOfIllness	Temperature
count	1.454000e+03	103.000000	1.510000e+02	1.560000e+02	8.700000e+01	6.280000e+02
mean	1.368308e-16	0.000000	-1.411674e-16	-1.708035e-17	-5.614921e-17	1.708471e-15
std	1.000344e+00	1.004890	1.003328e+00	1.003221e+00	1.005797e+00	1.000797e+00
min	-1.232324e+00	-0.507435	-1.473866e+00	-4.361482e-01	-1.444604e+00	-2.145299e+00
25%	-9.064480e-01	-0.371709	-6.671264e-01	-3.074706e-01	-7.772737e-01	-7.736770e-01
50%	-1.150359e-01	-0.280644	-2.758748e-01	-2.395187e-01	-2.211651e-01	-6.246559e-02
75%	7.229298e-01	-0.016556	5.239403e-01	-6.215921e-02	6.686088e-01	5.979450e-01
max	2.864398e+00	6.821614	6.736646e+00	7.289577e+00	2.559378e+00	3.798396e+00

图 3-11　在应用 Z 分数标准化后，定量特征的描述性统计

　　让我们首先使用 scikit-learn 中的 StandardScaler 类对数据进行标准化：

```
from sklearn.preprocessing import StandardScaler, MinMaxScaler

pd.DataFrame( # mean of 0 and std of 1 but ranges are different
```

```
(see min and max)
    StandardScaler().fit_transform(covid_flu[numerical_columns]),
    columns=numerical_columns
).describe()
```

可以看到，现在所有特征的均值都是 0，标准差(以及方差)都是 1，但是如果查看特征的最低值和最高值(图 3-12)，会发现它们的范围是不同的。现在看看最小-最大标准化情况：

```
pd.DataFrame( #均值和标准差确实不同，但最小值和最大值都被缩放到 0 和 1
    MinMaxScaler().fit_transform(covid_flu[numerical_columns]),
    columns=numerical_columns
).describe()
```

	Age	Neutrophil	SerumLevelsOfWhiteBloodCell	Lymphocytes	DurationOfIllness	Temperature
count	1454.000000	103.000000	151.000000	156.000000	87.000000	628.000000
mean	0.300807	0.069236	0.179510	0.056454	0.360792	0.360937
std	0.244182	0.137111	0.122200	0.129855	0.251199	0.168380
min	0.000000	0.000000	0.000000	0.000000	0.000000	0.000000
25%	0.079545	0.018519	0.098257	0.016656	0.166667	0.230769
50%	0.272727	0.030944	0.145909	0.025451	0.305556	0.350427
75%	0.477273	0.066977	0.243323	0.048408	0.527778	0.461538
max	1.000000	1.000000	1.000000	1.000000	1.000000	1.000000

图 3-12　在应用最小-最大标准化后，定量特征的描述性统计

现在，尺度非常准确，所有特征的最小值都是 0，最大值都是 1，但标准差和均值不再相同。

3.4.2　构建分类数据

构建定量特征通常涉及转换原始特征，采用 Box-Cox 和对数变换等方法。然而，在构建定性数据时，我们只有少数选项，以尽可能多地从特征中提取信号。在这些方法中，分箱将定量数据转化为定性数据。

分箱
分箱是从数值型或类别型特征创建一个新的类别型(通常是序

数型)特征的过程。最常见的分箱数据的方法是根据阈值进行截断，将数值数据分组到不同箱子中，这与创建直方图的方式类似。

分箱的主要目标是降低模型过拟合数据的可能性。通常，这以牺牲性能为代价，因为我们正在失去被分箱特征中的细粒度信息。

在 scikit-learn 中，可使用 KBinsDiscretizer 类，它能通过三种方法自动对数据进行分箱处理：

● 等宽分箱(见图 3-13)：

我们将使用这个模块对数据进行分箱处理

```
from sklearn.preprocessing import KBinsDiscretizer

binner = KBinsDiscretizer(n_bins=3, encode='ordinal', strategy
='uniform')
binned_data = binner.fit_transform(covid_flu[['Age']].dropna())
pd.Series(binned_data.reshape(-1,)).plot(
  title='Age (Uniform Binning)', kind='hist', xlabel='Age'
)
```

等宽策略将创建宽度相等的分箱

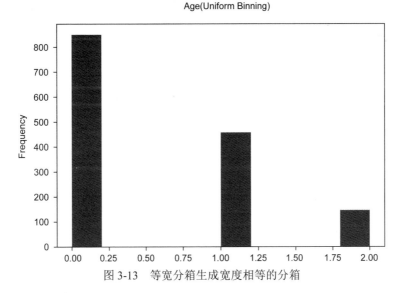

图 3-13　等宽分箱生成宽度相等的分箱

- 分位数分箱具有相等的高度(见图 3-14)：

```
binner = KBinsDiscretizer(n_bins=3, encode='ordinal', strategy
='quantile')
binned_data = binner.fit_transform(covid_flu[['Age']].dropna())
pd.Series(binned_data.reshape(-1,)).hist()
```

分位数将创建大致相等高度的分箱

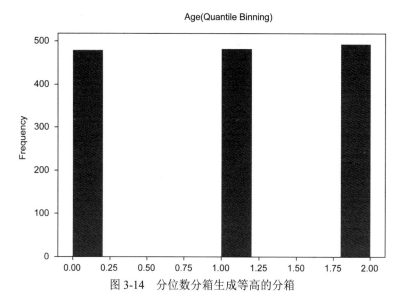

图 3-14　分位数分箱生成等高的分箱

- k-means 聚类法是通过将数据点分配到一维 k-means 算法结果中最接近的聚类来确定分箱的(见图 3-15)：

```
binner = KBinsDiscretizer(n_bins=3, encode='ordinal', strategy
='kmeans')
binned_data = binner.fit_transform(covid_flu[['Age']].dropna())
pd.Series(binned_data.reshape(-1,)).plot(
  title='Age (KMeans Binning)', kind='hist', xlabel='Age'
)
```

k-means 算法将独立地对每个特征运行 k-means 聚类

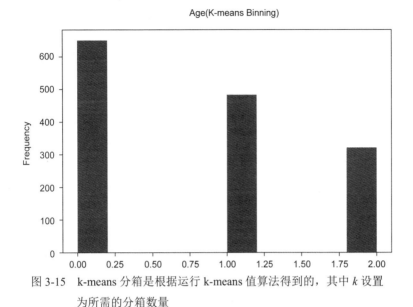

图 3-15 k-means 分箱是根据运行 k-means 值算法得到的，其中 k 设置
为所需的分箱数量

独热编码

RiskFactors 特征有点混乱，需要我们亲自动手创建一个定制的
特征转换器，以适应机器学习流程。我们的目标是对一个名义层次
的特征进行转换，并创建一个独热编码矩阵，其中每个特征代表一
个独特类别，其值要么是 1，要么是 0，表示该值在原始观察中是否
存在(见图 3-16)。

Color
Red
Red
Yellow
Green
Yellow

Red	Yellow	Green
1	0	0
1	0	0
0	1	0
0	0	1

图 3-16 对分类变量进行独热编码，将其转换为一个二进制值的矩阵

我们需要创建一个定制的 scikit-learn 转换器，该转换器将通过

逗号拆分 RiskFactors 列的值，然后将它们转化为一个矩阵，其中每一列代表一个风险因素，其值要么是 0(表示患者未出现该症状或值为空)，要么是 1(表示患者出现了该风险因素)。通过下面的代码清单实现。

代码清单 3-4　RiskFactors 的定制转换器

```
from sklearn.base import BaseEstimator, TransformerMixin
from sklearn.preprocessing import MultiLabelBinarizer

class DummifyRiskFactor(BaseEstimator,TransformerMixin):
    def __init__(self):
        self.label_binarizer = None

    def parse_risk_factors(self, comma_sep_factors):
        ''' asthma,heart disease -> ['asthma', 'heart disease'] '''
        try:
            return [s.strip().lower() for s in comma_sep_factors.
            split(',')]
        except:
            return []

    def fit(self, X, y=None):
        self.label_binarizer = MultiLabelBinarizer()
        self.label_binarizer.fit(X.apply(self.parse_risk_factors))
        return self

    def transform(self, X, y=None):
        return
        self.label_binarizer.transform(X.apply(self.parse_risk_factors))
```

一个定制的数据转换器，用于处理混乱的 RiskFactors 列

用于辅助创建虚拟变量的类

为每个风险因素创建一个虚拟变量

DummifyRiskFactor 转换器首先通过应用 fit 方法来执行操作。fit 方法：

(1) 通过将 RiskFactors 文本转换为小写进行标准化。

(2) 通过逗号将现有的小写字符串分隔开。

（3）使用 scikit-learn 中的 MultiLabelBinarizer 类为每个风险因素创建虚拟变量。

接着，可在定制转换器中使用 transform 方法，将一系列混乱的风险因素字符串映射成整洁的风险因素矩阵！像使用任何其他 scikit-learn 转换器一样使用转换器，如下面的示例所示。

代码清单 3-5　创建风险因素的虚拟变量

```
drf = DummifyRiskFactor()
risks = drf.fit_transform(covid_flu['RiskFactors'])
print(risks.shape)
pd.DataFrame(risks, columns=drf.label_binarizer.classes_)
```

可在图 3-17 中看到生成的 DataFrame。

	Asthma	Athero	Atopic dermatitis and repetitive respiratory infections	Begin tumor (removed)	Chronic	Chronic endocrine disorder	Chronic liver disease	Chronic liver disorder	Chronic neurological disorders	Chronic obstructive pulmonary disease		Lung disease	Myxoma of abdominal cavity	Obesity
0	0	0	0	0	0	0	0	0	0	0	...	0	0	0
1	0	0	0	0	0	0	0	0	0	0	...	0	0	0
2	0	0	0	0	0	0	0	0	0	0	...	0	0	0
3	0	0	0	0	0	0	0	0	0	0	...	0	0	0
4	0	0	0	0	0	0	0	0	0	0	...	0	0	0
...	...	...	...	...	...	...	...	...	...	...	...	...	...	...
1477	0	0	0	0	0	0	0	0	0	0	...	0	0	0
1478	0	0	0	0	0	0	0	0	0	0	...	0	0	0
1479	0	0	0	0	0	0	0	0	0	0	...	0	0	0
1480	0	0	0	0	0	0	0	0	0	0	...	0	0	0
1481	0	0	0	0	0	0	0	0	0	0	...	0	0	0

1482 rows × 41 columns

图 3-17　经过独热编码的风险因素，每一行对应原始数据集中的一行，
41 列代表我们提取出的 41 个风险因素

可以看到，转换器将单独的 RiskFactors 列转化为一个全新的矩阵，有 41 列。我们也很快就能注意到这个矩阵相当稀疏。在本章的特征选择部分，我们将尝试移除不必要的特征，以尽量减少稀疏性。

值得注意的是，在自定义的转换器与数据集拟合时，会学习训练集中的风险因素，且只会将这些因素应用于测试集。这意味着，

如果测试集中出现了训练集中未曾出现的新风险因素，转换器将忽略这一因素，仿佛它从未存在过。

领域特定的特征构建

在不同领域，数据科学家有使用领域特定知识创建新特征的选项，他们认为这些特征是相关的。我们将尝试在每个案例研究中至少执行一次这样的操作。在这个研究中，创建一个名为 FluSymptoms 的新列，它将是另一个布尔特征；如果患者出现至少两个症状，则为 True，否则为 False：

> 构建一个新的分类列，该列是对几种流感症状的综合

```
covid_flu['FluSymptoms'] = covid_flu[
    ['Diarrhea', 'Fever', 'Coughing', 'SoreThroat',
    'NauseaVomitting', 'Fatigue']].sum(axis=1) >= 2  ◄

print(covid_flu['FluSymptoms'].value_counts())
False    753
True     729


print(covid_flu['FluSymptoms'].isnull().sum())  ◄── 没有缺失值
0
```

> 将列表中所有二进制列进行聚合

```
binary_features = [  ◄
    'Female', 'GroundGlassOpacity', 'CTscanResults',
    'Diarrhea', 'Fever', 'FluSymptoms',
    'Coughing', 'SoreThroat', 'NauseaVomitting',
    'Fatigue', 'InitialPCRDiagnosis'
]
```

练习 3-2　如果决定将 FluSymptoms 特征定义为至少具有列表中的一种症状，True 和 False 之间的分布会怎样？

强烈鼓励所有数据科学家考虑构建新的领域特定特征，因为它们往往带来更易解释和更实用的特征。还可以创建一些其他特征，比如：

- 数据集中记录的风险因素数量。
- 使用基于研究驱动的阈值对数值进行分桶，而不是依赖于 k-means 或均匀分布。

现在，让我们开始在 scikit-learn 中构建特征工程流程，这样就能看到这些技术的实际效果。

3.5 构建特征工程流程

既然我们已经看到了一些特征工程的例子，让我们将它们付诸实践。通过将数据拆分为训练集和测试集，为机器学习设置数据集。

训练集/测试集拆分

要有效地训练一个能够很好泛化到未见数据的机器学习流程，我们要遵循训练集/测试集拆分的范例(见图 3-18)。

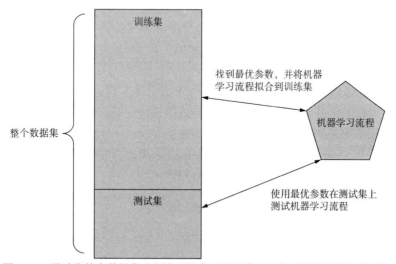

图 3-18　通过将整个数据集分割为训练集和测试集，可使用训练数据来找到流程的最佳参数值，并使用测试集生成一个分类报告，以了解流程对尚未见过的数据进行预测的效果

将采取的步骤如下。

(1) 将整个数据集拆分为训练集(80%的数据)和测试集(20%的数据)。

(2) 使用训练数据集来训练机器学习流程，并执行交叉验证网格搜索，以便从一组较小的潜在参数值中进行选择。

(3) 采用最佳参数组合，利用该组合在整个训练集上训练机器学习流程。

(4) 使用 scikit-learn 在测试集上测试机器学习流程，并生成一个分类报告。截至目前，我们尚未对测试集执行任何操作。

这一流程将提供一种良好的评估方式，以评估流程在预测那些在训练阶段未曾见过的数据时的表现，从而揭示流程在面对试图建模的问题时的泛化能力。在本书的几乎所有案例研究中，将采用这种方法，确保特征工程技术能够构建出具有泛化能力的机器学习流程。

```python
from sklearn.model_selection import train_test_split
X, y = covid_flu.drop(['Diagnosis'], axis=1), covid_flu['Diagnosis']
x_train, x_test, y_train, y_test = train_test_split(
    X, y, stratify=y, random_state=0, test_size=.2
)
```

可依赖 scikit-learn 的 train_test_split 函数来实现这种分割。

注意，我们需要对训练集和测试集进行分层，以确保它们尽可能反映出原始数据集的响应分布。在下面的代码示例中，将充分利用 scikit-learn 的 FeatureUnion 和 Pipeline 类来构建灵活的特征工程链，这样就可以将它们传递给网格搜索函数。

代码清单3-6 构建特征工程流程

```python
from sklearn.preprocessing import FunctionTransformer
from sklearn.pipeline import Pipeline, FeatureUnion


risk_factor_pipeline = Pipeline(    ←──── 处理风险因素
```

```
    [
        ('select_and_parse_risk_factor', FunctionTransformer
    (lambda df:df['RiskFactors'])),
        ('dummify', DummifyRiskFactor())
    ]
)
```

使用定制的风险
因素转换器来解
析风险因素

\# 处理二进制列

```
binary_pipeline = Pipeline(
    [
        ('select_categorical_features', FunctionTransformer
    (lambda df:df[binary_features])),
        ('fillna', SimpleImputer(strategy='constant', fill_
    value=False))
    ]
)
```

假设不存在缺失值

\# 处理数值列

```
numerical_pipeline = Pipeline(
    [
        ('select_numerical_features', FunctionTransformer
(lambda df:df[numerical columns])),
        ('impute', SimpleImputer(strategy='median')),
    ]
)
```

我们有三个非常简单的特征工程流程,用来提供一个基准度量:

- numerical_pipeline 选择数值列,接着使用每个特征的中位数填充缺失值(见图 3-19)。
- risk_factor_pipeline 选择 RiskFactors 列,然后对其应用我们的定制转换器(见图 3-20)。
- binary_pipeline 选择二进制列,随后在每一列中以 False 填补缺失值(基于这样的假设:如果数据集没有明确说明患者表现出某症状,就认为患者没有该症状;见图 3-21)。

```
Parsing took 0.01 seconds
Training took 8.93 seconds
                precision    recall   f1-score   support

      COVID19       0.76       0.70       0.73        82
         H1N1       0.89       0.92       0.90       215

     accuracy                             0.86       297
    macro avg       0.82       0.81       0.81       297
 weighted avg       0.85       0.86       0.85       297

Overall took 8.96 seconds
```

图 3-19 仅使用我们的数值特征工程流程后的结果

```
Training took 8.66 seconds
                precision    recall   f1-score   support

      COVID19       0.73       0.10       0.17        82
         H1N1       0.74       0.99       0.85       215

     accuracy                             0.74       297
    macro avg       0.73       0.54       0.51       297
 weighted avg       0.74       0.74       0.66       297

Overall took 8.67 seconds
```

图 3-20 仅使用我们的风险因素特征工程流程后的结果。准确率勉强超过
        空准确率(null accuracy)，为 74%

```
Parsing took 0.01 seconds
Training took 8.75 seconds
                precision    recall   f1-score   support

      COVID19       0.83       0.59       0.69        82
         H1N1       0.86       0.95       0.90       215

     accuracy                             0.85       297
    macro avg       0.84       0.77       0.79       297
 weighted avg       0.85       0.85       0.84       297

Overall took 8.76 seconds
```

图 3-21 仅使用二进制特征后的结果

通过将每个流程单独传递到辅助函数中,看看它们的表现如何:

仅使用数值特征在 COVID 类别上具有较好
的准确度，但召回率很差

```
simple_grid_search(x_train, y_train, x_test, y_test,
numerical_pipeline)
simple_grid_search(x_train, y_train, x_test, y_test,
risk_factor_pipeline)
simple_grid_search(x_train, y_train, x_test, y_test,
binary_pipeline)
```

仅使用二进制列也表现不佳

仅使用风险因素在召回率方面表现糟糕，
准确度几乎只比空准确率高出一点点

现在，让我们将这三个流程合并成一个数据集，然后将其传递
到辅助函数(图 3-22)，以获得首个真实基准度量。

```
simple_fe = FeatureUnion([
    ('risk_factors', risk_factor_pipeline),
    ('binary_pipeline', binary_pipeline),
    ('numerical_pipeline', numerical_pipeline)
])
```

将所有特征整
合在一起

```
simple_fe.fit_transform(x_train, y_train).shape
best_model = simple_grid_search(x_train, y_train, x_test, y_test,
simple_fc)
```

```
Training took 9.75 seconds
                precision    recall    f1-score    support

     COVID19       0.86        0.87       0.86          82
        H1N1       0.95        0.94       0.95         215

    accuracy                              0.92         297
   macro avg       0.90        0.91       0.90         297
weighted avg       0.92        0.92       0.92         297

Overall took 9.77 seconds
```

图 3-22　合并三个特征工程流程后，结果显示准确率已经提升到 92%。可以明
　　　　显看到将特征工程的工作联合起来所带来的益处

这次模型表现有了显著提升！准确度已达到 92%，在 COVID-19 方面的准确度和召回率也有了明显改善。不过，让我们看看是否还能进一步优化。尝试修改数值流程，不仅填补中位数，还对数据进行缩放(见图 3-23)：

```
numerical_pipeline = Pipeline(
    [
        ('select_numerical_features', FunctionTransformer
(lambda df:df[numerical_columns])),
        ('impute', SimpleImputer(strategy='mean')),
        ('scale', StandardScaler()) #对数值特征进行缩放
    ]
)

simple_fe = FeatureUnion([
    ('risk_factors', risk_factor_pipeline),
    ('binary_pipeline', binary_pipeline),
    ('numerical_pipeline', numerical_pipeline)
])

best_model = simple_grid_search(x_train, y_train, x_test, y_test,
simple_fe)
```

尝试使用均值而不是中位数

```
Training took 10.46 seconds
                precision    recall  f1-score   support

     COVID19         0.85      0.84      0.85        82
        H1N1         0.94      0.94      0.94       215

    accuracy                            0.92       297
   macro avg         0.90      0.89      0.89       297
weighted avg         0.92      0.92      0.92       297

Overall took 10.54 seconds
```

图 3-23 尝试使用均值进行填充后，整体表现都变得更差

模型变得更缓慢，表现也没有那么好。看起来这并非正确的方向。那么，尝试使用任意值 999 填补缺失值(见图 3-24)，然后应用缩放来减小我们引入的离群值的影响，会有什么效果呢？

```
numerical_pipeline = Pipeline(
    [
        ('select_numerical_features', FunctionTransformer
(lambda df:df[numerical_columns])),
        ('impute', SimpleImputer(strategy='constant', fill_value
=999)),
        ('scale', StandardScaler())
    ]
)
```

尝试使用常数 999

```
simple_fe = FeatureUnion([
    ('risk_factors', risk_factor_pipeline),
    ('binary_pipeline', binary_ipeline),
    ('numerical_pipeline', numerical_pipeline)
])
```

在 COVID 类别上提升了一些准确度

```
best_model = simple_grid_search(x_train, y_train, x_test, y_test,
simple_fe)
```

```
Training took 9.90 seconds
                precision    recall  f1-score   support

     COVID19 ──► 0.88        0.88 ◄── 0.88         82
        H1N1     0.95        0.95     0.95        215

    accuracy                          0.93        297
   macro avg     0.92        0.92     0.92        297
weighted avg     0.93        0.93     0.93        297

Overall took 9.96 seconds
```

图 3-24　在使用任意值进行填充后，结果显示 COVID-19 的准确度和
　　　　召回率得到了提升

　　看来我们正在取得进展！使用任意值进行填充似乎确实有效。让我们更进一步，尝试尾部填充(见图 3-25)，这是一种使用任意值进行填充的类型。对数值特征应用 Box-Cox 转换，使它们符合正态分布，然后进行高斯尾部填充，这将用数据平均值(经过缩放后为 0)加上 3 倍的标准差(缩放后的标准差为 1，因此为 3)来替代缺失值。

```
numerical_pipeline = Pipeline(
    [
        ('select_numerical_features', FunctionTransformer
(lambda df:
            ➥ df[numerical_columns])),
        ('Box-Cox', PowerTransformer(
          method='Box-Cox', standardize=True)),
        ('turn_into_df', FunctionTransformer(lambda matrix:
            ➥ pd.DataFrame(matrix))), # 将其转换回数据帧
        ('end_of_tail', EndOfTailImputer(imputation_method=
'gaussian'))
    ]
)

simple_fe = FeatureUnion([
    ('risk_factors', risk_factor_pipeline),
    ('binary_pipeline', binary_pipeline),
    ('numerical_pipeline', numerical_pipeline)
])

best_model = simple_grid_search(x_train, y_train, x_test,
y_test, simple_fe)
```

缩放数据后应用 Box-Cox 转换，并使用高斯尾部来填补缺失值

```
Training took 9.86 seconds
                precision    recall    f1-score    support

      COVID19 ⟶   0.87        0.88       0.87          82
         H1N1      0.95        0.95       0.95         215

     accuracy                   ⟶          0.93         297
    macro avg      0.91        0.91       0.91         297
 weighted avg      0.93        0.93       0.93         297

Overall took 9.88 seconds
```

图 3-25　使用尾部填补器后的结果显示整体准确度略有提高，
但 COVID-19 的准确度略有下降

几乎和使用简单的 999 填补效果一样好，但我们将保留采用尾部填补的流程。接下来在流程中应用分箱，看看它对性能的影响：

```
    numerical_pipeline = Pipeline(
        [
            ('select_numerical_features', FunctionTransformer
(lambda df:
            ➥ df[numerical_columns])),
            ('Box-Cox', PowerTransformer(method='Box-Cox', standardize
=True)),
            ('turn_into_df', FunctionTransformer(lambda matrix:
            ➥ pd.DataFrame(matrix))),
            ('end_of_tail', EndOfTailImputer(imputation_method=
'gaussian')),
            ('ordinal_bins', KBinsDiscretizer(n_bins=10, encode
='ordinal',
        strategy='kmeans'))
        ]
    )

    simple_fe = FeatureUnion([
        ('risk_factors', risk_factor_pipeline),
        ('binary_pipeline', binary_pipeline),
        ('numerical_pipeline', numerical_pipeline)
    ])

    best_model = simple_grid_search(x_train, y_train, x_test,
y_test, simple_fe)
```

在缩放和填补后对数据进行分箱

将其转换回数据帧

迄今为止，这是一组最出色的结果！

　　事实上，这是我们迄今为止取得的最佳结果之一(见图 3-26)！分箱似乎在一定程度上提升了模型的准确度，尽管代价是稍微降低了召回率。我们在创建和转换特征方面取得了成功，但现在探讨如何通过一些特征选择来进一步改进流程。

```
Parsing took 0.06 seconds
Training took 8.74 seconds
                    precision    recall    f1-score    support

        COVID19        0.92       0.85        0.89          82
           H1N1        0.95       0.97        0.96         215

       accuracy                          ──► 0.94          297
      macro avg        0.93       0.91        0.92         297
   weighted avg        0.94       0.94        0.94         297

Overall took 8.80 seconds
```

图 3-26 将定量特征进行分箱处理后,结果显示出迄今为止最佳的整体结果之一

3.6 特征选择

在前面的几节中,我们一直致力于添加特征并加以改进,使模型更有效。然而,最终得到了数十个特征,其中许多可能并不具备较强的预测能力。现在,让我们运用一些特征选择技术,以降低数据集的维度。

3.6.1 互信息

互信息是衡量两个变量之间关系的度量标准,测量了在了解第二个变量的情况下,第一个变量不确定性的减少程度。换句话说,反映了两个变量之间的相互依赖关系。在特征工程的应用中,我们希望保留与响应具有最高互信息的特征,这意味着在了解有用特征的情况下,响应的不确定性被最小化。然后排除那些不在前 n 个特征中的次要特征。

将这个概念应用到风险因素流程中,因为它是迄今为止最庞大的特征子集(见图 3-27):

```
from sklearn.feature_selection import SelectKBest
from sklearn.feature_selection import mutual_info_classif
risk_factor_pipeline = Pipeline(  ◄──── 添加特征选择
    [
```

基于互信息
的特征选择

```
('select_risk_factor', FunctionTransformer(
                    lambda df: df['RiskFactors'])),
('dummify', DummifyRiskFactor()),
('mutual_info', SelectKBest(mutual_info_classif, k=20)),
]
)


simple_fe = FeatureUnion([
    ('risk_factors', risk_factor_pipeline),
    ('binary_pipeline', binary_pipeline),
    ('numerical_pipeline', numerical_pipeline)
])

best_model = simple_grid_search(x_train, y_train, x_test,
y_test, simple_fe)
```

```
Parsing took 0.20 seconds
Training took 9.34 seconds
                precision    recall   f1-score    support

     COVID19         0.91       0.83       0.87        82
        H1N1         0.94       0.97       0.95       215

    accuracy                           ⟶ 0.93       297
   macro avg         0.92       0.90       0.91       297
weighted avg         0.93       0.93       0.93       297

Overall took 9.41 seconds
```

图 3-27　基于互信息的特征选择并未在性能上呈现出显著提升

这里失去了一些性能，因此我们可增加要选择的特征数量，或尝试下一个技巧。

3.6.2　假设检验

特征选择的另一种方法是利用卡方检验，这是一种仅适用于分类数据的统计检验，用于检验两个变量之间的独立性。在机器学习中，我们可以利用卡方检验来挑选那些与响应最相关的特征，这意味着这些特征在预测响应变量方面是有用的。现在将卡方检验应用于风险因素(见图 3-28)：

```
from sklearn.feature_selection import chi2

risk_factor_pipeline = Pipeline(            ←─ 添加特征选择
    [
        ('select_risk_factor', FunctionTransformer(
                            lambda df: df['RiskFactors'])),
        ('dummify', DummifyRiskFactor()),
        ('chi2', SelectKBest(chi2, k=20))   ←─ 使用卡方检验(chi2)
    ]                                            来选择特征
)


simple_fe = FeatureUnion([
    ('risk_factors', risk_factor_pipeline),
    ('binary_pipeline', binary_pipeline),
    ('numerical_pipeline', numerical_pipeline)
])

best_model = simple_grid_search(x_train, y_train, x_test,
y_test, simple_fe)
```

```
Training took 9.43 seconds
                precision    recall    f1-score    support

    COVID19        0.92        0.85       0.89         82
       H1N1        0.95        0.97       0.96        215

   accuracy                               0.94        297
  macro avg        0.93        0.91       0.92        297
weighted avg       0.94        0.94       0.94        297

Overall took 9.50 seconds
```

图 3-28　通过卡方进行特征选择后的结果与先前结果相当，但使用的特征更少

性能基本上与互信息相似。

3.6.3　使用机器学习

最后两种特征选择方法有一个共同点，可能阻碍我们前进。它们独立地作用于每个特征，这意味着它们不考虑特征之间的任何相互依赖关系。为了考虑特征之间的相关性，可使用一个具有 feature_importances 或 coef 属性的次级机器学习模型，并利用这些值来选择特征(见图 3-29)。

```python
from sklearn.feature_selection import SelectFromModel
from sklearn.tree import DecisionTreeClassifier

risk_factor_pipeline = Pipeline(
    [
        ('select_risk_factor', FunctionTransformer(
                                lambda df: df['RiskFactors'])),
        ('dummify', DummifyRiskFactor()),
        ('tree_selector', SelectFromModel(
            max_features=20, estimator=DecisionTreeClassifier()))
    ]
)

simple_fe = FeatureUnion([
    ('risk_factors', risk_factor_pipeline),
    ('binary_pipeline', binary_pipeline),
    ('numerical_pipeline', numerical_pipeline)
])

best_model = simple_grid_search(x_train, y_train, x_test,
y_test, simple_fe)
```

使用决策树分类器来选择特征 →（对应 `tree_selector`）

← 好的，暂时就到这里吧（对应 `best_model`）

似乎已经到了所选模型的性能巅峰。让我们在此处停下来，审视我们的发现。

```
Parsing took 0.07 seconds
Training took 8.98 seconds
                precision    recall   f1-score    support

      COVID19        0.92      0.85       0.89         82
         H1N1        0.95      0.97       0.96        215

     accuracy                            0.94        297
    macro avg        0.93      0.91       0.92        297
 weighted avg        0.94      0.94       0.94        297

Overall took 9.05 seconds
```

图 3-29　在使用决策树的重要特征属性选择特征后的结果

作为最后一步，让我们来审视目前的特征工程流程：

```
simple_fe.transformer_list
[('risk_factors',
  Pipeline(steps=[('select_risk_factor',
                    FunctionTransformer(func=<function <lambda>)),
                   ('dummify', DummifyRiskFactor()),
                   ('tree_selector',
                    SelectFromModel(estimator=Decision-
TreeClassifier(),
                                    max_features=20))])),
   ('binary_pipeline',
    Pipeline(steps=[('select_categorical_features',
                      FunctionTransformer(func=<function <lambda>)),
                     ('fillna',
                      SimpleImputer(fill_value=False, strategy=
'constant'))])),
    ('numerical_pipeline',
     Pipeline(steps=[('select_numerical_features',
                       FunctionTransformer(func=<function <lambda>)),
                      ('Box-Cox', PowerTransformer(method='Box
-Cox')),
                      ('turn_into_df',
                       FunctionTransformer(func=<function <lambda>)),
                      ('end_of_tail', EndOfTailImputer(variables=
[0, 1, 2, 3, 4,
                       ➥ 5]))),
```

```
('ordinal_bins',
 KBinsDiscretizer(encode='ordinal', n_bins=10,
  strategy='kmeans'))])])]
```

如果要进行可视化，它的形状类似于图 3-30。

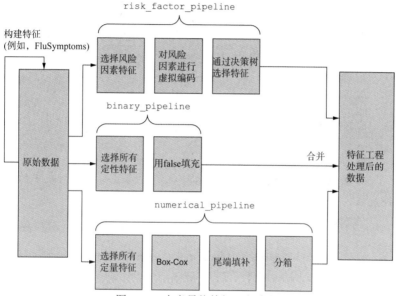

图 3-30　本章最终特征工程流程

在处理表格数据时，有广泛的特征工程技术可供选择。这个案例研究只是对我们选择的技术进行了初步介绍，为如何从头到尾处理表格数据提供了一个框架。我们的总体目标是：

(1) 摄取数据。

(2) 探索数据，了解我们拥有哪些特征。

(3) 将特征分配到数据层次，以更好地理解它们。

(4) 应用特征改进，修复我们希望使用的列。

(5) 应用特征构建和选择，对数据进行微调。

(6) 对经过工程处理的特征应用机器学习模型，测试特征工程工作的效果。

3.7　练习与答案

练习 3.1

如果算术平均值为 8.34，标准差为 2.35，那么 EndOfTailImputer 将使用什么值填充缺失值？

答案：

以下代码将计算该值：

```
8.34 + (3 * 2.35) = 15.39
```

练习 3.2

如果我们决定将 FluSymptoms 特征定义为至少具有列表中的一种症状，True 和 False 之间的分布会怎样？

答案：

```
covid_flu['FluSymptoms'] = covid_flu[['Diarrhea', 'Fever', 'Coughing',
➥ 'SoreThroat', 'NauseaVomitting', 'Fatigue']].sum(axis=1) >= 1

print(covid_flu['FluSymptoms'].value_counts())

True     930
False    552
```

3.8　本章小结

- 通过分别观察定性和定量特征，并分别为每种类型应用合适的特征工程技巧，能将模型的精确度/准确度提升到 90% 的中低水平。
- 对定量特征进行了填充、转换和分箱操作，以获取最佳性能。

- 对定性特征进行工程处理，如将风险因素进行虚拟化，有助于保持召回率。

- 如果特征选择并没有提高性能，这可能是因为我们选择的分类器(额外树分类器)在特征选择方面已经进行了自身的处理(通过对特征应用低重要性分数来实现)。

第 *4* 章

偏见与公平性：再犯率建模

本章主要内容：
- 识别和减轻数据与机器学习模型中的偏见
- 通过多种度量方法量化公平性
- 运用特征工程技巧，消除模型中的偏见，同时保持模型性能不受损

4.1 COMPAS 数据集

本案例研究所使用的数据集是 COMPAS(Correctional Offender Management Profiling for Alternative Sanctions)，这是佛罗里达州布劳沃德县 2013 年至 2014 年期间筛选的刑事罪犯数据集。具体而言，我们关注的是该数据的一个子集，用于解决一个二元分类问题，即

根据个体的某些特征来预测再犯风险(一个人是否会再次犯罪)。你可单击此链接找到数据集: https://www.kaggle.com/danofer/compass。

　　表面上看,这个问题相当简单——二元分类,没有缺失数据——那就开始吧! 问题经常出现在我们的机器学习模型对人们的生活和福祉产生非常真实的影响时。作为机器学习工程师和数据科学家,我们肩负着责任,不仅要创建性能出色的模型,还要生成被认为是公平的预测。

　　本章将以多种方式定义和量化"公平",最终,必须针对特定问题领域确定公平标准。本章的目标是介绍"公平"的各种定义,并通过示例详细说明每种定义的解释方式。我们首先摄取数据,然后在代码清单 4-1(图 4-1)中仔细观察。

注意 这个案例研究并不代表一项统计研究,也不用来对美国的刑事司法系统做出任何概括。我们的目标是突显数据中存在的偏见,并倡导采用工具以在机器学习系统中最大限度地实现公平性。

代码清单 4-1　获得数据

```
import pandas as pd
import numpy as np                导入包
compas_df = pd.read_csv('../data/compas-scores-two-years.csv')
compas_df.head()
```

显示前 5 条记录

　　在 2016 年的 ProPublica 研究中,对 COMPAS 算法、软件和底层数据的公平性进行了探讨,重点关注了分配给每个人的十分位分数。十分位分数是一个介于 1 到 10 的分数,用于将数据划分为若干桶。如果这个术语看起来有点熟悉,那是因为它与百分位的概念密切相关。基本思想是给定一个分数(1 到 10 之间),每个分数代表个人的一个区间,该区间内有一定百分比的人在某个度量上的排名高于或低于这个分数。例如，如果给某人一个分数为 3 的十分位分数，这表示 70%的人的再犯风险更高(得分为 4、5、6、7、8、9 和 10 的人)，而 20%的人风险更低(得分为 1 和 2 的人)。同样，得分为 7 表示 30%的人的再犯风险更高(得分为 8、9 和 10 的人)，而 60%的人风险更低(得分为 1、2、3、4、5 和 6 的人)。

	sex	age	race	juv_fel_count	juv_misd_count	juv_other_count	priors_count	c_charge_degree	is_violent_recid	two_year_recid
0	Male	69	Other	0	0	0	0	F	0	0
1	Male	34	African American	0	0	0	0	F	1	1
2	Male	24	African American	0	0	1	4	F	0	1
3	Male	23	African American	0	1	0	1	F	0	0
4	Male	43	Other	0	0	0	2	F	0	0

图 4-1　COMPAS 数据集中的前五行，这些数据展示了有关佛罗里达州布劳沃德县被监禁人员的敏感信息。这里的响应标签是两年再犯率(two_year_recid)，它代表了对二分类问题"这个人在被释放后两年内是否再次被监禁？"的回答

该研究进一步展示了十分位分数的使用存在差异，它们并不总是显得公平。例如，如果观察分数的分布，会发现不同族裔获得的分数是不同的。下面的片段将绘制一个按族裔划分的十分位分数直方图(图 4-2)，并强调一些内容：

- 非洲裔美国人的十分位分数相对均匀分布，大约有 10%的个人分布在每个十分位分数中。根据十分位分数的定义，这在表面上是合适的。理论上，每个十分位分数应该有 10%的个人。
- 亚洲人、白人、西班牙裔和其他类别的十分位分数呈现右偏，这些类别中有比预期更多的个体获得了 1 或 2 的十分位分数。

```
compas_df.groupby('race')['decile_score'].value_counts(
    normalize=True
).unstack().plot(
    kind='bar', figsize=(20, 7),
```

```
        title='Decile Score Histogram by Race', ylabel='% with
Decile Score'
    )
```

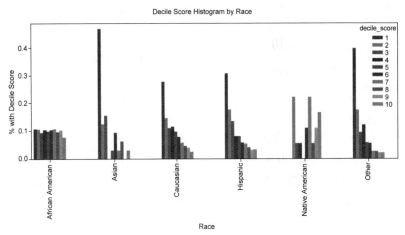

图4-2 在按族裔划分的情况下，可以清晰地看到十分位分数的
        分布存在明显差异

通过检查按族裔划分的十分位分数的一些基本统计数据，可以
更清楚地看到这一点，如图4-3所示。

	count	mean	std	min	25%	50%	75%	max
race								
African American	3696.0	5.368777	2.831122	1.0	3.00	5.0	8.00	10.0
Asian	32.0	2.937500	2.601953	1.0	1.00	2.0	3.50	10.0
Caucasian	2454.0	3.735126	2.597926	1.0	1.00	3.0	5.00	10.0
Hispanic	637.0	3.463108	2.599100	1.0	1.00	3.0	5.00	10.0
Native American	18.0	6.166667	2.975389	2.0	3.25	7.0	8.75	10.0
Other	377.0	2.949602	2.350895	1.0	1.00	2.0	4.00	10.0

图 4-3 观察按族裔划分的十分位分数的均值和中位数，我们可以看到，非洲
        裔美国人(African American)的中位数十分位分数为5(符合预期)，但对
        于白人(Caucasian)和西班牙裔(Hispanic)而言，中位数却是3

```
compas_df.groupby('race')['decile_score'].describe()
```

可以继续研究 ProPublica 如何解释这些数据；并非试图重现这些结果，我们对这个数据集的处理将集中在使用数据构建一个二元分类器上，而不考虑已给予个体的十分位分数。

问题陈述和定义成功

如前文所述，这里的机器学习问题属于二分类。模型的目标可以通过以下问题概括："在了解一个人的某些方面的情况下，能够准确而公平地预测再犯吗？"

术语"准确"应该相对容易理解。我们有许多用于衡量模型性能的指标，包括准确率、精确度和 AUC。然而，当涉及"公平"一词时，我们需要了解一些新的术语和指标。在深入讨论如何量化偏见和公平之前，让我们首先对问题本身进行一些探索性数据分析(EDA)。

4.2   探索性数据分析

我们的目标是根据数据集中关于个体的特征直接对响应标签"two_year_recid"进行建模。具体而言，我们拥有以下特征：

- sex——定性(二元，男性或女性)
- age——定量比例(以年为单位)
- race——定性名义
- juv_fel_count——定量(相应人员之前有多少次重罪)
- juv_misd_count——定量(相应人员之前有多少次轻罪)
- juv_other_count——定量(既不是重罪也不是轻罪的犯罪次数)
- priors_count——定量(先前的犯罪次数)
- c_charge_degree——定性，二元(F 表示重罪，M 表示轻罪)

我们的响应标签是：

- two_year_recid——定性，二元(相应人员在 2 年内是否再犯，

即再次犯罪)

注意，我们有三个单独的列来统计少年犯罪。应该注意，对于我们的模型，可能希望将这些合并为一个单独的列，这个列只是简单地记录的青少年时期犯罪次数。

考虑创建准确而公平模型的问题陈述，让我们来看一下按族裔划分的再犯情况(图 4-4)。将数据集按族裔分组并观察再犯率时，很明显可看出再犯的基础率存在差异。在没有进一步细分的情况下(如按年龄、犯罪历史等划分)，不同族裔之间的再犯率存在相当大的差异。

```
compas_df.groupby('race')['two_year_recid'].describe()
```

race	count	mean	std	min	25%	50%	75%	max
African American	3696.0	0.514340	0.499862	0.0	0.0	1.0	1.0	1.0
Asian	32.0	0.281250	0.456803	0.0	0.0	0.0	1.0	1.0
Caucasian	2454.0	0.393643	0.488657	0.0	0.0	0.0	1.0	1.0
Hispanic	637.0	0.364207	0.481585	0.0	0.0	0.0	1.0	1.0
Native American	18.0	0.555556	0.511310	0.0	0.0	1.0	1.0	1.0
Other	377.0	0.352785	0.478472	0.0	0.0	0.0	1.0	1.0

图 4-4　按照族裔划分的再犯率描述性统计。可清晰地看到不同族裔
之间的再犯率存在明显差异

还需要注意到，在我们的数据中，有两个族裔类别(亚裔和美洲原著居民)的代表数量极少。这是样本偏见的一个例子，即样本可能未能充分代表整体人口。这些数据来自佛罗里达州的布劳沃德县，根据美国人口普查,例如,自认为是亚裔的人口大约占总人口的4%，而在这个数据集中，他们仅占数据的约 0.44%。

在本书中，为避免在度量中出现两个族裔类别严重代表不足而引起的误解，将把被标记为亚洲人或美洲原著居民的数据点重新标记为“其他(Other)”。重新标记的主要目的是使最终的分类更加平衡。

在最终图表中，很明显，亚洲人和美洲原著居民类别的人数严重不足，因此，试图使用这个数据集对他们做出有意义的预测是不合适的。一旦重新标记了这些数据点，让我们绘制现在考虑的四个族裔类别的实际两年再犯率，用代码清单4-2生成的图表如图4-5所示。

代码清单4-2 重新为代表不足的族裔进行标记

```
compas_df.loc[compas_df['race'].isin(['Native American',
'Asian']), 'race'] =
    'Other'          重新将亚洲人/美洲原著居民的行标记为 Other

compas_df.groupby('race')['two_year_recid'].value_counts(
    normalize=True
).unstack().plot(
    kind='bar', figsize=(10, 5), title='Actual Recidivism
Rates by Race'
)          绘制我们正在考虑的四个族裔的再犯率图表
```

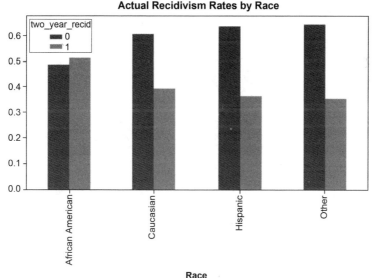

图4-5 条形图显示不同组的再犯率

同样，数据显示非洲裔美国人的再犯率高于白人、西班牙裔或其他族裔。这是由于众多系统性原因，我们在本书中不予以详细讨论。目前可以看到，尽管不同群体之间的再犯率存在差异，但非洲裔美国人近乎 50/50 的比例和白人的 60/40 的比例之间的差异并不十分显著。

注意 也可选择关注性别方面的偏见，因为在这个数据集中，被识别为男性和女性的人之间肯定存在差异。但出于本案例研究的目的，重点关注数据中的族裔偏见。

我们继续深入研究其他特征。我们有一个二元的犯罪程度特征，需要将其编码为布尔值(图 4-6)：

```
compas_df['c_charge_degree'].value_counts(normalize=True).plot(
    kind='bar', title='% of Charge Degree', ylabel='%',
    xlabel= 'Charge Degree')
```

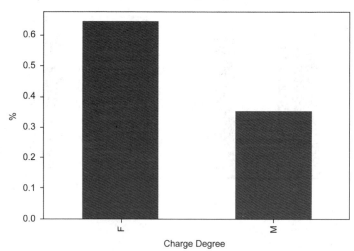

图 4-6 数据集中，按犯罪程度划分的重罪和轻罪的分布情况。大约 65%的指控属于重罪(F)，其余的是轻罪(M)

让我们通过查看剩余的定量特征——年龄和先前犯罪计数的直方图，来总结探索性数据分析。这两个变量都呈现出相当明显的右偏，通过一些标准化来稍微调整一下离群值可能会有好处，如代码清单 4-3 所示，生成的图表在图 4-7 中展示。

代码清单 4-3 绘制定量变量的直方图

```python
compas_df['age'].plot(
    title='Histogram of Age', kind='hist', xlabel='Age',
    figsize=(10, 5)
) ←────┐年龄右偏

compas_df['priors_count'].plot(
    title='Histogram of Priors Count', kind='hist', xlabel
    ='Priors', figsize=(10, 5)
) ←────┐先前犯罪计数也右偏
```

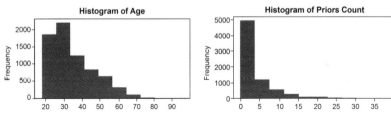

图 4-7 年龄和先前犯罪计数在数据中呈右偏。这表明数据集中的大多数人较年轻，但确实存在一些离群值，将平均值拉向右侧。在研究模型的公平性时，这一点将再次体现出来

我们对初步的探索性数据分析有了基本了解，接下来讨论和测量模型的偏见和公平性。

4.3 测量偏见和公平性

在致力于使模型预测更加公平和尽可能不带偏见时，我们需要

考虑和量化公平性的几种不同方式。这样做将帮助我们评估机器学习模型的表现。

4.3.1　不同对待与不同影响

一般而言，一个模型——实际上，任何预测或决策过程——可能存在两种形式的偏见：不同对待和不同影响。如果预测在某种程度上基于敏感属性(如性别或族裔)，则认为模型存在不同对待的偏见。模型也可能存在不同影响，即如果预测或预测的结果对具有特定敏感特征的人造成了不成比例的伤害或利益，则可能表现为预测某一族裔具有更高的再犯率。

4.3.2　公平的定义

关于定义模型公平性，至少有数十种方法，但现在让我们专注于其中的三种。在构建基线模型时，将重新遇到这些定义方法以及更多其他方法。

不知情

不知情可能是对公平性最简单的定义。它表明模型在训练数据中不应包含敏感属性作为特征。这样，模型在训练时将无法接触到敏感值。这个定义与"不同对待"概念非常契合，因为实际上我们不允许模型看到数据中的敏感值。

使用"不知情"作为公平性定义的明显优点是，向他人解释起来非常简单：我们只是在模型中未使用某个特征，因此，模型怎么可能获得任何偏见呢？然而，依赖"不知情"来定义公平性的主要缺陷在于，大多数情况下，模型可以通过依赖于其他高度相关的特征来重建敏感值，而这些特征与我们试图忽略的原始敏感特征密切相关。

举例来说，如果一位招聘人员正在决定是否雇用一位候选人，而我们希望他们对候选人的性别保持不敏感，可简单地对候选人的性别进行盲处理；然而，如果招聘人员还注意到候选人在之前的志愿者或领导经验中列举了参与兄弟会的经历，招聘人员可能合理地推断出该候选人是男性。

统计平等

统计平等，又称人口统计平等或不同影响，是一个十分常见的公平性定义。简单来说，它规定模型对于属于某一类别的预测(无论是否会再犯)与敏感特征无关。公式如下：

$$P(再犯 \mid 族裔 = 非洲裔美国人) = P(再犯 \mid 族裔 = 白人) =$$
$$P(再犯 \mid 族裔 = 西班牙裔) = P(再犯 \mid 族裔 = 其他)$$

换句话说，为实现良好的统计平等，模型应该预测每个族裔类别的累积犯罪率相等。上述公式相当严格，为放宽这一要求，可依赖于五分之四法则，该法则规定，如果某一群体的选择率(即预测犯罪率的比例)低于另一群体的 80%，或高于另一群体的 125%，那么可能存在不平等的影响。可以使用如下公式表示：

$$0.8 < P(再犯 \mid 族裔 = 弱势群体) /$$
$$P(再犯 \mid 族裔 = 优势群体) < 1 / 0.8 (1.25)$$

将统计平等作为公平的定义的优点在于，这个度量标准相对容易解释，而且有证据表明，将统计平等作为公平的定义可能在短期和长期内对弱势群体产生积极影响(请参考 Hu 和 Chen 的研究，链接为 https://arxiv.org/pdf/1712.00064.pdf)。

依赖统计平等的一个需要注意的方面是它忽略了标签和敏感属性之间可能存在的关系。在我们的案例中，实际上这是一件好事，因为我们希望忽略响应(这个人是否会再次犯罪)与所关注的敏感属性(族裔)之间的任何相关性，因为这种相关性受到比我们的案例研究所能处理的更大因素的影响。但对于未来可能考虑的任何用例，这可能并不合适，因此请谨慎考虑这一点！

纯粹依赖统计平等的另一个需要注意的问题是，从理论上讲，机器学习模型可能只是懒惰地从每个群体中随机选择个体，而我们仍然在技术上实现了统计平等。显然，机器学习指标应该阻止模型这样做，并且这是我们需要时刻警惕的事情。

平等概率

也称为正率平等，平等概率的公平性定义规定，模型对响应的预测应该在给定响应值的情况下与敏感特征无关。在本例中，平等概率意味着满足以下两个条件：

- P(再犯 | 族裔 = 西班牙裔，实际发生再犯 = True) = P(再犯 | 族裔 = 白人，实际发生再犯 = True) = P(再犯 | 族裔 = 非洲裔美国人，实际发生再犯 = True) = P(再犯 | 族裔 = 其他，实际发生再犯 = True)

- P(再犯 | 族裔 = 西班牙裔，实际发生再犯 = False) = P(再犯 | 族裔 = 白人，实际发生再犯 = False) = P(再犯 | 族裔 = 非洲裔美国人，实际发生再犯 = False) = P(再犯 | 族裔 = 其他，实际发生再犯 = False)

另一种观点是，如果模型满足以下条件，它就具有平等概率：

- 独立于族裔，模型对实际发生再犯的人的预测再犯率是相等的。
- 独立于族裔，模型对实际未发生再犯的人的预测再犯率是相等的。

使用平等概率定义的优点在于，它惩罚了统计平等中谈到的相同的懒惰行为，并且鼓励模型在所有群体中变得更准确，而不是简单地允许模型随机预测再犯，以实现各群体之间相似的预测率。

最大的缺陷是这些平等概率对响应的不同基础率非常敏感。在数据中，我们发现非洲裔美国人的再犯率高于其他三个族裔类别。如果这是一种情况，我们相信不同族裔群体之间存在一些自然差异且再犯率不同，那么平等概率就不适合作为度量标准。在本例中，这不会成为问题，因为我们拒绝这种与族裔和再犯率相关的基础率反映自然再犯率的观点。

注意　有数十种已经确立的用于衡量公平性和偏见的度量标准。我们的案例研究将涉及其中的一些，但我们建议查阅其他专注于偏见和公平性的文献，以进行更全面的探讨。

4.4　构建基准模型

现在是构建基准机器学习模型的时候了。在首次尝试中，将进行一些特征工程，以确保模型可以正确解释所有数据，并花些时间分析模型的公平性和性能结果。

4.4.1　特征构建

正如在探索性数据分析中所观察到的，我们有三个特征，分别记录了被讨论个体的少年犯罪次数。让我们再次仔细看看这三个少年特征(图 4-8)。

	juv_fel_count	juv_misd_count	juv_other_count
count	7214.000000	7214.000000	7214.000000
mean	0.067230	0.090934	0.109371
std	0.473972	0.485239	0.501586
min	0.000000	0.000000	0.000000
25%	0.000000	0.000000	0.000000
50%	0.000000	0.000000	0.000000
75%	0.000000	0.000000	0.000000
max	20.000000	13.000000	17.000000

图 4-8　有三个不同的特征，每个特征都计算了先前少年犯罪的子集。目标是将它们合并成一个特征

```
compas_df[["juv_fel_count", "juv_misd_count", "juv_other_
count"]].describe()
```

将这些特征合并成一个，将它们全部相加到一个名为 juv_count 的新列中，这样解释起来可能更直观，如代码清单4-4所示。

代码清单4-4　构建一个新的少年犯罪次数特征

```
compas_df['juv_count'] = compas_df[["juv_fel_count", "juv_
misd_count",
➡ "juv_other_count"]].sum(axis=1)          构建新的青少年犯罪总数
compas_df = compas_df.drop(["juv_fel_count", "juv_misd_count",
➡ "juv_other_count"], axis=1)          移除原始的少年特征
```

练习4-1　绘制新的 juv_count 特征的分布图。它的算术平均值和标准差是多少？

现在我们有了一个新特征，并因此移除了三个特征。图4-9 展示了训练数据的当前状态。

	sex	age	race	priors_count	c_charge_degree	two_year_recid	juv_count
0	Male	69	Other	0	F	0	0
1	Male	34	African American	0	F	1	0
2	Male	24	African American	4	F	1	1
3	Male	23	African American	1	F	0	1
4	Male	43	Other	2	F	0	0

图4-9　目前的训练数据涵盖了合并后的青少年犯罪次数

4.4.2　构建基准流程

让我们开始组建基准机器学习模型的流程。首先将数据分成训练集和测试集，然后实例化一个静态的随机森林分类器。选择随机森林模型，因为它具有计算特征重要性的有用特性，这对我们非常有帮助。虽然决策树和逻辑回归也有特征重要性的表示，但目前我们选用随机森林。请记住，目标是调整特征而不是模型，因此我们将在所有迭代中使用相同的模型和相同的参数。除了将 x 和 y 分割，还将分割 race(族裔)列，以便在测试集中按族裔进行简便的分割。

代码清单 4-5　将数据分成训练集和测试集

```
from sklearn.model_selection import train_test_split
from sklearn.ensemble import RandomForestClassifier

X_train, X_test, y_train, y_test, race_train, race_test =
train_test_split(
    compas_df.drop('two_year_recid', axis=1),          分割数据

compas_df['two_year_recid'],

                                        compas_df['race'],

stratify=compas_df['two_year_recid'],

                                        test_size=0.3,
                                        random_state=0)

classifier = RandomForestClassifier(              静态分类器
    max_depth=10, n_estimators=20, random_state=0)
```

既然已将数据分割并准备好使用分类器，让我们开始创建特征处理的流程，就像在上一章中所做的那样。首先处理分类数据。将建立一个流程，用于对分类列进行独热编码，仅在分类特征是二元的情况下删除第一个虚拟列，如代码清单 4-6 所示。

代码清单 4-6　创建定性特征流程

```
from sklearn.compose import ColumnTransformer
from sklearn.pipeline import Pipeline, FeatureUnion
from sklearn.preprocessing import OneHotEncoder, StandardScaler

categorical_features = ['race', 'sex', 'c_charge_degree']
categorical_transformer = Pipeline(steps=[
    ('onehot', OneHotEncoder(drop='if_binary'))
])
```

对于数值数据，将对数据进行缩放，以减少在探索性数据分析中看到的异常值。

代码清单 4-7　创建定量流程

```
numerical_features = ["age", "priors_count"]
numerical_transformer = Pipeline(steps=[
    ('scale', StandardScaler())
])
```

下面介绍 scikit-learn 中的 ColumnTransformer 对象，它能帮助我们以最少的代码迅速将这两个流程应用到特定的列上。这样做能在代码量最小的情况下实现目标。见代码清单 4-8。

代码清单 4-8　将流程组合起来，创建特征预处理器

```
preprocessor = ColumnTransformer(transformers=[
        ('cat', categorical_transformer, categorical_features),
        ('num', numerical_transformer, numerical_features)
])

clf_tree = Pipeline(steps=[
    ('preprocessor', preprocessor),
    ('classifier', classifier)
])
```

有了流程设置，可在训练集上进行训练，然后将其应用于测试集。

代码清单 4-9　在测试集上运行无偏模型

```
clf_tree.fit(X_train, y_train)
unaware_y_preds = clf_tree.predict(X_test)
```

unaware_y_preds 将是一个由 0 和 1 组成的数组，其中 0 表示模型预测此人不会再犯罪，而 1 表示模型预测此人将再犯罪。既然已经得到模型在测试集上的预测，现在是时候开始调查 ML 模型到底有多公平了。

4.4.3　测量基准模型的偏见

为深入了解公平性指标，将使用一个名为 Dalex 的模块。Dalex

具有一些出色的功能，可帮助可视化不同类型的偏见和公平性指标。基本对象是 Explainer；通过这个解释器对象，可获取一些基本的模型性能。代码清单 4-10 的运行结果如图 4-10 所示。

代码清单 4-10　使用 Dalex 对模型进行解释

```
import dalex as dx

exp_tree = dx.Explainer(
    clf_tree, X_test, y_test,
    label='Random Forest Bias Unaware', verbose=True)
exp_tree.model_performance()
```

	recall	precision	f1	accuracy	auc
Random forest bias unaware	0.560451	0.628736	0.592633	0.652656	0.693935

图 4-10　无偏模型的基准性能表现

我们的度量指标虽未出奇制胜，但由于同时关心性能和公平性，因此让我们深入探讨一下公平性。首要问题是："在模型预测再犯罪时，它究竟在多大程度上依赖于 race(族裔)这一特征？"这个问题与模型的不公平处理密切相关。Dalex 提供了一个非常实用的图表，适用于树状模型和线性模型，有助于清晰呈现模型从中学到的最重要特征(见图 4-11)。

```
exp_tree.model_parts().plot()
```

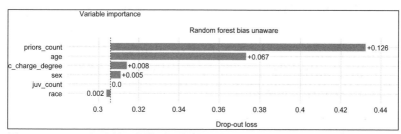

图 4-11　Dalex 报告的无偏模型的特征重要性。该可视化直接从随机森林的特征重要性属性中提取数据，该图表明 priors_count 和 age 是最关键的特征

　　Dalex 报告的重要性以"Drop-out loss(退出损失)"为度量，即如果完全移除涉及的特征，模型整体拟合水平将减少多少。从这张图表看，如果失去 priors_count，模型将损失很多信息，但从理论上讲，如果去掉 race，模型可能更好。似乎模型根本没有从 race 中学到任何信息！这说明了模型对于敏感特征的不敏感性。

　　在开始探讨"无偏见"之前，我们应该看一下更多指标。Dalex 还提供了一个 model_fairness 对象，该对象将计算每个族裔类别的多个指标，如代码清单 4-11 所示，运行结果见图 4-12。

代码清单 4-11　输出模型公平性

```
mf_tree = exp_tree.model_fairness(
    protected=race_test, privileged = "Caucasian")
mf_tree.metric_scores
```

	TPR	TNR	PPV	NPV	FNR	FPR	FDR	FOR	ACC	STP
African American	0.665	0.658	0.674	0.650	0.335	0.342	0.326	0.350	0.662	0.508
Caucasian	0.407	0.799	0.581	0.662	0.593	0.201	0.419	0.338	0.639	0.285
Hispanic	0.356	0.785	0.447	0.714	0.644	0.215	0.553	0.286	0.644	0.261
Other	0.562	0.714	0.509	0.756	0.438	0.286	0.491	0.244	0.662	0.381

图 4-12　无偏模型的 10 个公平性指标的详细说明

　　这个包默认提供了 10 个指标。让我们分解一下如何计算每个指标，包括真阳性(TP)、假阳性(FP)、假阴性(FN)、实际阳性(AP)、实际阴性(AN)、预测阳性(PP)和预测阴性(PN)等。注意，可根据族裔计算每个指标：

　　1　$TPR(r) = TP / AP$　　　　　　　(即灵敏度)

　　2　$TNR(r) = TN / AN$　　　　　　　(即特异性)

　　3　$PPV(r) = TP / PP$　　　　　　　(即准确度)

　　4　$NPV(r) = TN / PN$

　　5　$FNR(r) = FN / AP$ 或 $1 - TPR$

　　6　$FPR(r) = FP / AN$ 或 $1 - TNR$

7　FDR(r) = FP / PP　或 1 - PPV

8　FOR(r) = FN / PN　或 1 - NPV

9　ACC(r) = (TP + TN) / (TP + TN + FP + FN) (按族裔计算的总体准确率)

10　STP(r) = (TP + FP) / (TP + FP + FP + FN) (即 P[再犯预测 | 族裔 = r])

这些数字单独看并不会很有帮助，因此让我们通过将这些值与优势群体(高危群体)——白人进行比较，进行一次公平性检查。为什么选择白人作为优势群体呢？嗯，除了许多其他原因之外，如果我们观察基准模型在各个群体中预测再犯的频率，会注意到与测试集中实际比率相比，该模型在白人中严重低估了再犯的预测(见代码清单 4-12 和图 4-13)。

对于本例来说，将聚焦于 TPR、ACC、PPV、FPR 和 STP 作为主要评估指标。之所以选择这些指标，是因为：

- TPR 涉及模型对实际再犯情况的捕捉效果。在所有再犯的情况中，模型是否正确地将其预测为阳性？我们希望这个比率较高。

- ACC 是总体准确率。这是一种相当全面地评估模型的方式，但在孤立情境中不应被单独考虑。我们期望这个准确率较高。

- PPV 是精确度。它衡量了我们对模型阳性预测的信任程度。在模型预测再犯的情况中，模型在阳性预测中的正确性有多高？我们希望这个数值更高。

- FPR 涉及模型在某人实际上不会再犯，而被预测为再犯的比率。我们期望这个比率较低。

- STP 是每个族裔群体的统计平等。我们希望这在各个族裔之间大致相等，这意味着模型应该能可靠地基于非人口统计信息预测再犯。

代码清单 4-12　强调白人优势

```
y_test.groupby(race_test).mean()
```
◄── 在测试集中按族裔
划分的再犯率

```
pd.Series(unaware_y_preds, index=y_test.index).groupby(
    race_test).mean()
```
◄── 模型在不考虑偏见的情况下，按照族裔
划分的再犯预测情况

race		race	
African American	0.514652	African American	0.508242
Caucasian	0.407162	Caucasian	0.285146
Hispanic	0.327778	Hispanic	0.255556
Other	0.345324	Other	0.381295
Name: two_year_recid, dtype: float64		dtype: float64	

图 4-13　左侧是测试集中按组别划分的实际再犯率，右侧是由基准无偏见模型
　　　　 预测的再犯率。模型在预测白人再犯方面存在明显低估。几乎有 41%
　　　　 的白人再犯，然而，模型只预测为 28%。这意味着模型在白人再犯的
　　　　 预测上低估了超过 30%

在预测再犯率方面，非洲裔美国人的情况非常相似；白人似乎
只有不到 29% 的情形会得到再犯的预测，尽管实际比率接近 41%。
模型低估白人群体的现象表明白人在模型中享有优势。这种情况发
生的部分原因是数据反映了一个不公平的司法系统。回顾一下，非
洲裔美国人的先验计数较高，而先验计数是模型中最重要的特征之
一。仍然无法准确预测白人的再犯情况，模型显然无法基于原始数
据可靠地预测再犯。

现在运行公平性检查，看看无偏见模型在五个偏见指标上的表
现如何：

```
mf_tree = exp_tree.model_fairness(protected=race_test, privileged =
➥ "Caucasian")
mf_tree.fairness_check()
```

输出结果概述如下所示，初看起来确实内容丰富！已经突出显

示了需要重点关注的主要区域。我们期望每个数值都在 0.8 到 1.25 之间，而那些加粗的数值则超出了该范围，因此被视为带偏见的证据。

```
Bias detected in 4 metrics: TPR, PPV, FPR, STP
Conclusion: your model is not fair because 2 or more criteria exceeded
acceptable limits set by epsilon.
Ratios of metrics, based on 'Caucasian'. Parameter 'epsilon'
was set to 0.8
and, therefore, metrics should be within (0.8, 1.25)
                          TPR       ACC       PPV       FPR       STP
African American 1.633907 1.035994 1.160069 1.701493 1.782456
Hispanic          0.874693 1.007825 0.769363 1.069652 0.915789
Other             1.380835 1.035994 0.876076 1.422886 1.336842
```

上表中的每个数值均为 metric_scores 表中的值除以白人(优势群体)的值得出的结果。例如，非洲裔美国人的该值为 1.633907，等于 TPR(非洲裔美国人)/TPR(白人)，具体为 0.665 / 0.407。

然后，将这些比率与五分之四范围(0.8,1.25)进行比较，如果度量值超出该范围，我们认为该比率是不公平的。理想值是 1，表示该族裔的指定度量值等于优势群体的该度量值。如果统计超出该范围的比率的数量，结果是 7(以粗体显示)。还可使用 Dalex 绘制上表中的这些数字(图 4-14)：

```
mf_tree.plot()  # 以图表形式呈现公平性检查结果中的数字
```

为了简化问题，让我们关注公平性检查中的每个指标的平等损失(parity loss，也称为奇偶校验损失)。平等损失代表了弱势群体的总体得分。Dalex 计算某个指标的平等损失，将其定义为公平性检查中指标比率的对数的绝对值之和。

$$\text{metric}_{\text{parity\_loss}} = \sum_{i \in \{a,b,\dots z\}} \left| \log\left(\frac{\text{metric}_i}{\text{metric}_{\text{privileged}}} \right) \right|$$

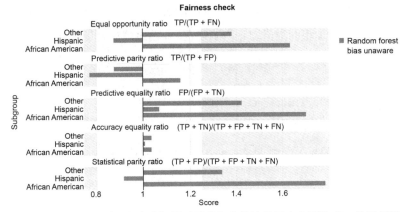

图 4-14　Dalex 以图形方式详细展示了我们将关注的五个主要比率，按子组进行了细分。条形图的浅色区域旨在传达公平性的可接受范围。任何在较暗区域的条形图都超出了范围(0.8,1.25)，被认为是不公平的。可以看到我们还有一些工作要做！

　　例如，如果观察群体的 STP，可得到如下结果：

$$STP(非洲裔美国人)= 0.508$$
$$STP(西班牙裔)= 0.261$$
$$STP(其他族裔)= 0.381$$
$$STP(白人)= 0.285$$

　　可以计算出无偏见模型在 STP 方面的平等损失为 0.956。幸运的是，Dalex 提供了一种更简便的方法，可计算出所有五个指标的平等损失，并将它们堆叠在一张图表中。图 4-15 将是用来跨模型进行比较的图表，五个堆叠表示了五个偏见指标的值。它们被堆叠在一起，以展示模型的整体偏见。我们希望随着对偏见的认知增加，整体堆叠长度会减小。将把这个堆叠的平等损失图与传统的机器学习指标进行配对，如图 4-15 所示，其中包括准确度、精确度和召回率。

　　练习 4-2　编写 Python 代码以计算 STP 平等损失。

```
mf_tree.plot(type = 'stacked')    #每个度量指标的平等损失图
```

Stacked parity loss metrics

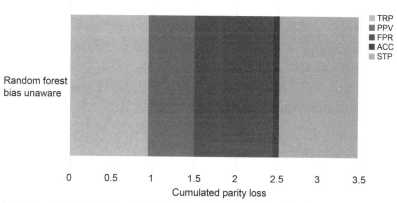

图 4-15　累积平等损失。在这个情境中，数值越小越好，表示存在的偏见更少。
以手工计算得到的 0.956 为例，它在图表的最右端。总体而言，无偏
模型得分约为 3.5，这成为我们在偏见方面争取超越的基准

现在，不仅有模型性能的基准(来自模型性能摘要)，还有由堆
叠的平等损失图表提供的公平性基准。让我们继续探讨如何积极运
用特征工程来减轻数据中的偏见。

4.5　偏见缓解

在降低偏见并促进模型公平性方面，我们有以下三个主要机会。

(1) 模型训练前：对训练数据进行偏见缓解，即在模型使用训
练数据训练之前进行。

(2) 模型训练中：在模型训练阶段应用偏见缓解。

(3) 模型训练后：在模型拟合训练数据之后，对预测标签进行
偏见缓解。

偏见缓解的每个阶段都有其利弊，而预处理直接涉及特征工程
技术，因此将成为本章的主要讨论点。

4.5.1　模型训练前

模型训练前的偏见缓解发生在建模之前的训练数据处理阶段。当无法访问模型本身或下游预测结果,但可以获取初始训练数据时,预处理将非常有用。

在本章中我们将实施的两个预处理偏见缓解技术示例如下。

- 消除不同影响:编辑特征值以提升群体公平性。
- 学习公平表示:通过混淆关于受保护属性的原始信息来提取新的特征集。

通过实施这两种技术,我们希望减少模型展现出的总体偏见,同时努力提升机器学习流程的性能。

4.5.2　模型训练中

模型训练中的偏见缓解是在模型训练时应用的。它们通常以一些正则化项或替代目标函数的形式出现。只有在我们能够访问实际的学习算法时,模型训练中的偏见缓解技术才能实施。否则,将不得不依赖于 4.5.1 节和 4.5.3 节介绍的内容。

模型训练中的偏见缓解示例如下。

- 元公平分类器(meta fair classifier):将公平性作为输入,通过优化分类器实现公平性。
- 偏见移除器(prejudice remover):向学习目标添加一个特权感知的正则化项。

4.5.3　模型训练后

顾名思义,模型训练后的偏见缓解是在模型训练之后应用的,这项技术在需要将机器学习模型视为黑盒且无法访问原始训练数据时非常有效。模型训练后的偏见缓解示例如下。

- 均衡的概率:修改预测标签,使用单独的优化目标使预测更加公平。
- 校准的均衡概率:修改分类器的得分,以获得更公平的结果。

4.6　构建偏见感知模型

让我们开始构建一个对偏见更敏感的模型，采用两种特征工程技术。将首先应用一个熟悉的转换，构建一个新的、更中立的列，然后转向新的特征提取方法。我们的目标是在不牺牲模型性能的前提下，尽量减小模型的偏见。

4.6.1　特征构建：使用 Yeo-Johnson 转换器处理不同的影响

在上一章中，我们使用了 Box-Cox 转换来调整一些特征，使它们更符合正态分布。在这里，我们希望采取类似的方法。需要调查为什么模型在预测非"非洲裔美国人"的再犯时存在低估的情况。一种方法是从数据集中完全移除族裔，并期望机器学习模型能消除所有偏见。然而，通常这并非解决之道。

不同的群体，包括劣势群体和优势群体，存在不同的机遇，这很可能在数据中通过相关的特征展现出来。造成模型偏见的最可能原因是某个特征与族裔高度相关，而模型能通过这一特征还原某人的族裔身份。为找到这个特征，首先计算数值特征与非洲裔美国人之间的相关系数：

```
compas_df.corrwith(compas_df['race'] == 'African-American').
sort_values()
    age             -0.179095
    juv_count        0.111835
    priors_count     0.202897
```

age 和 priors_count 与布尔标签——即仅是非洲裔美国人——呈现出高度相关性，因此需要更深入地研究这两个因素。首先，让我们关注年龄(age)。可绘制直方图并输出一些基本统计数据(见图 4-16)，我们会发现在四个种族类别中，年龄似乎彼此相似，具有相近的均值、标准差和中位数。这提示我们，尽管年龄与非洲裔美国人呈负相关，但这种关系可能并非导致模型偏见的主要因素。

```
compas_df.groupby('race')['age'].plot(
    figsize=(20,5),
    kind='hist', xlabel='Age', title='Histogram of Age'  ←
)
compas_df.groupby('race')['age'].describe()
```

年龄的分布并
不是非常偏斜

race	count	mean	std	min	25%	50%	75%	max
African American	3696.0	32.740801	10.858391	18.0	25.0	30.0	38.00	77.0
Caucasian	2454.0	37.726569	12.761373	18.0	27.0	35.0	47.75	83.0
Hispanic	637.0	35.455259	11.877783	19.0	26.0	33.0	43.00	96.0
Other	427.0	35.131148	11.634159	19.0	25.0	33.0	43.00	76.0

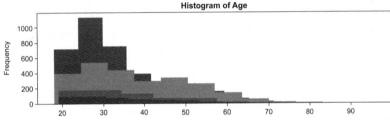

图 4-16   年龄分布按群体划分。上表意味着各群体间的年龄分布并没有显著差
           异，从而表明不同待遇和影响较小。值得注意的是，非洲裔美国人的
           平均年龄和中位数年龄比其他类别的人年轻约 10%～15%，这可能是
           age 列与 African American 列之间呈现出强烈相关性的原因

让我们将注意力转向 priors_count，并进行同样的打印输出。这
样做时，会发现与年龄(age)相比，priors_count 呈现出鲜明的对比，
如图 4-17 所示。

通过观察不同族裔类别之间的均值、中位数和标准差
的差异，可以看出先前犯罪次数的分布极不均衡

```
compas_df.groupby('race')['priors_count'].plot(
    figsize=(20,5),
    kind='hist', xlabel='Count of Priors',
title='Histogram of Priors'
)
compas_df.groupby('race')['priors_count'].describe()
```

	count	mean	std	min	25%	50%	75%	max
race								
African American	3696.0	4.438853	5.579835	0.0	1.0	2.0	6.0	38.0
Caucasian	2454.0	2.586797	3.798803	0.0	0.0	1.0	3.0	36.0
Hispanic	637.0	2.252747	3.647673	0.0	0.0	1.0	2.0	26.0
Other	427.0	2.016393	3.695856	0.0	0.0	1.0	2.5	31.0

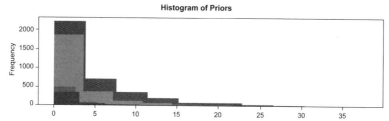

图 4-17 初步观察显示，各族裔的先前犯罪次数模式似乎相似。先前犯罪次数的分布在不同族裔群体之间呈现出相似的右偏。然而，因为存在许多无法掌控的因素，非洲裔美国人的先前犯罪次数的中位数和均值几乎是其他群体的两倍

有两个需要注意的事项：

- 非洲裔美国人的先前犯罪次数呈现明显的右偏，这可通过均值是中位数的两倍以上来证明。

- 由于长期存在的系统性刑事司法问题，非洲裔美国人的先前犯罪次数几乎是其他族裔群体总和的两倍。

priors_count 与族裔高度相关，且在不同的族裔类别中呈现出不同的偏斜，这实际上是一个大问题，主要因为机器学习模型很可能会察觉到这些差异，并且仅通过查看 priors_count 列就可能对某些族裔产生偏见。

为解决这个问题，我们将创建一个定制的转换器，通过在每个族裔类别的数值子集上应用 Yeo-Johnson 转换(正如我们在前一章中讨论的)，来就地修改一列。这将有助于消除该列对群体公平性产生的差异影响。

可通过如下伪代码来表示：

对于每个群体标签：

– 获取该群体的 `priors_count` 值子集

– 对子集应用 Yeo-Johnson 转换

– 就地修改该群体标签的列，使用新值

通过在每个值子集上应用转换，而不是在整个列上应用，我们迫使每个群体的值集合都服从正态分布，均值为 0，标准差为 1，从而使模型更难从给定的 priors_count 值中重构特定的群体标签。让我们构建一个自定义的 scikit-learn 转换器，以执行此操作，如代码清单 4-13 所示。

代码清单 4-13　通过 Yeo-Johnson 方法缓解不同处理的差异

从 scikit-learn 导入 Yeo-Johnson 变换和基础转换器类

```python
from sklearn.preprocessing import PowerTransformer
from sklearn.base import BaseEstimator, TransformerMixin

class NormalizeColumnByLabel(BaseEstimator, TransformerMixin):
    def __init__(self, col, label):
        self.col = col
        self.label = label
        self.transformers = {}

    def fit(self, X, y=None):
        for group in X[self.label].unique():
            self.transformers[group] = PowerTransformer(
                method='yeo-johnson', standardize=True
            )
            self.transformers[group].fit(

                X.loc[X[self.label]==group][self.col].values.
reshape(-1, 1)
            )
        return self

    def transform(self, X, y=None):
        C = X.copy()
```

为每个组标签拟合一个 PowerTransformer

当转换一个新的 DataFrame 时，我们使用已经拟合的转换器的 transform 方法，并就地修改 DataFrame

```
for group in X[self.label].unique():
    C.loc[
        X[self.label]==group, self.col
    ] = self.transformers[group].transform(
        X.loc[X[self.label]==group][self.col].values.
reshape(-1, 1)
    )
return C
```

将新转换器应用于训练数据，以查看先前犯罪次数是否被修改(图 4-18)，这样每个组标签的先前犯罪次数的平均值都为 0，标准差为 1：

```
n = NormalizeColumnByLabel(col='priors_count', label='race')

X_train_normalized = n.fit_transform(X_train, y_train)

X_train_normalized.groupby('race')['priors_count'].hist
(figsize=(20,5))
X_train_normalized.groupby('race')['priors_count'].describe()
```

race	count	mean	std	min	25%	50%	75%	max
African American	2604.0	1.119176e-17	1.000192	-1.394037	-0.549932	-0.092417	0.784661	2.276224
Caucasian	1700.0	-2.388286e-16	1.000294	-1.190914	-1.190914	-0.104396	0.733866	2.293665
Hispanic	457.0	-5.538968e-17	1.001096	-1.124116	-1.124116	0.098333	0.620238	2.060623
Other	288.0	1.780983e-16	1.001741	-0.921525	-0.921525	-0.921525	0.878567	1.871600

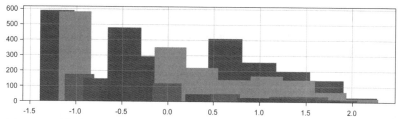

图 4-18　对每个子组的先前犯罪次数子集应用 Yeo-Johnson 变换后，分布开始看起来不那么偏斜，且彼此之间差异较小。这将使得机器学习模型很难从这一特征中重建族裔信息

代码清单 4-14　第一个偏见感知模型

在预处理器之前添加新的转换器，以在执行其
他任何操作之前修正 priors_count

```
clf_tree_aware = Pipeline(steps=[
    ('normalize_priors', NormalizeColumnByLabel(
                        col='priors_count', label='race')),
    ('preprocessor', preprocessor),
    ('classifier', classifier)
])

clf_tree_aware.fit(X_train, y_train)
aware_y_preds = clf_tree_aware.predict(X_test)
                                                    检查模型性能
exp_tree_aware = dx.Explainer(
    clf_tree_aware, X_test, y_test,
    label='Random Forest DIR', verbose=False) ◄
mf_tree_aware = exp_tree_aware.model_fairness(
    protected=race_test, privileged = "Caucasian")

# 整体性能几乎没有改变
pd.concat(
    [exp.model_performance().result for exp in [exp_tree, exp_
tree_aware]])
                                                    调查平等损失
                                                    的变化情况
    # 可以看到平等损失略微下降
    mf_tree.plot(objects=[mf_tree_aware], type='stacked') ◄
```

　　新偏见感知模型(图 4-14)在去除不平等影响方面表现得非常好！
实际上，我们可以看到模型性能略有提升，而累积平等损失(图 4-19)
略有下降。

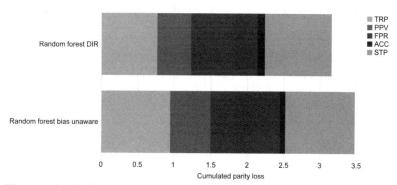

图 4-19 在图表的上方部分，展示了针对偏见感知模型的偏见度量总和。这个
模型在性能方面有了小幅提升(如度量指标表所示)，除了召回率保持
不变外，其他所有度量指标均有所提高。图表的下方部分则展示了我
们之前看到的原始无偏见模型的堆叠图。总的来说，新的无偏见模型
在若干机器学习度量指标上表现更佳，并且根据平等损失条形图，显
示出偏见的降低。这表明我们的研究正朝着正确方向前进！

4.6.2 特征提取：使用 aif360 学习公平表示实现

迄今为止，我们尚未采取任何措施来解决模型对敏感特征的不
敏感问题。并非完全移除族裔信息，我们将使用 IBM 开发的开源工
具包 AI Fairness 360(aif360)。该工具包致力于为数据科学家提供预
处理、处理中以及后处理的偏见缓解技术。我们将运用第一种特征
提取技术，即 LFR(学习公平表示)。LFR 的核心思想是将数据 x 转
化为一组新的特征，这些特征在涉及敏感变量(包括性别和族裔)时
呈现出更为公平的表达。

在我们的应用案例中，尝试将分类变量映射到一个新的、更公
平的向量空间。这个新的向量空间的设计旨在保持统计平等，并尽
可能保留原始数据 x 中的信息。

aif360 的使用可能有些棘手，因为它强制你使用自己的 DataFrame
版本，称为 BinaryLabelDataset。代码清单 4-15 展示了一个定制的

scikit-learn 转换器，它将：

(1) 接收 x，这是一个由分类预处理器生成的包含二进制值的 DataFrame。

(2) 将 DataFrame 转换为 BinaryLabelDataset。

(3) 使用 aif360 包中的 LFR 模块进行拟合。

(4) 使用已经拟合的 LFR，对任何新的数据集进行转换，将其映射到新的公平表示。

代码清单 4-15　自定义的 LFR 转换器

```python
from aif360.algorithms.preprocessing.lfr import LFR
from aif360.datasets import BinaryLabelDataset

class LFRCustom(BaseEstimator, TransformerMixin):
    def __init__(
        self, col, protected_col,
        unprivileged_groups, privileged_groups
    ):
        self.col = col
        self.protected_col = protected_col
        self.TR = None
        self.unprivileged_groups = unprivileged_groups
        self.privileged_groups = privileged_groups

    def fit(self, X, y=None):
        d = pd.DataFrame(X, columns=self.col)
        d['response'] = list(y)          # aif360 BinaryLabelDataset
                                         # 对象的转换和反转
        binary_df = BinaryLabelDataset(  ←
            df=d,
            protected_attribute_names=self.protected_col,
            label_names=['response']
        )

        self.TR = LFR(unprivileged_groups=self.unprivileged_
groups,
                      privileged_groups=self.privileged_groups,
```

```
seed=0,
                    k=2, Ax=0.5, Ay=0.2, Az=0.2, ◄
                    verbose=1
                    )
        self.TR.fit(binary_df, maxiter=5000, maxfun=5000)
        return self
```

这些参数可在 Aif360 网站
查询，它们是通过离线网
络搜索方法找到的

```
    def transform(self, X, y=None):
        d = pd.DataFrame(X, columns=self.col)
        if y:
            d['response'] = list(y)
        else:
            d['response'] = False
        binary_df = BinaryLabelDataset(
            df=d,
            protected_attribute_names=self.protected_col,
            label_names=['response']
        )
        return self.TR.transform(
            binary_df).convert_to_dataframe()[0].drop(
            ['response'], axis=1) #B
```

为使用新转换器，需要稍微修改流程，并利用 FeatureUnion 对象，如代码清单 4-16 所示。

代码清单 4-16　集成了不同方法(移除影响)和 LFR 的模型

通知 aif360，具有标签 1 的白人为优势行，而具有标签 0 的白人为非
优势行。目前，aif360 包仅支持一个优势组和一个非优势组

```
categorical_preprocessor = ColumnTransformer(transformers=[
    ('cat', categorical_transformer, categorical_features)
])◄

#
privileged_groups = [{'Caucasian': 1}]
unprivileged_groups = [{'Caucasian': 0}]
```

将数值型和类别型预处理
器分离，以便我们可以单
独对类别数据应用 LFR

```
lfr = LFRCustom(
    col=['African-American', 'Caucasian', 'Hispanic', 'Other',
'Male', 'M'],
    protected_col=sorted(X_train['race'].unique()),
    privileged_groups=privileged_groups,
    unprivileged_groups=unprivileged_groups
)

categorical_pipeline = Pipeline([
    ('transform', categorical_preprocessor),
    ('LFR', lfr),
])

numerical_features = ["age", "priors_count"]
numerical_transformer = Pipeline(steps=[
    ('scale', StandardScaler())
])

numerical_preprocessor = ColumnTransformer(transformers=[
        ('num', numerical_transformer, numerical_features)
])


preprocessor = FeatureUnion([
    ('numerical_preprocessor', numerical_preprocessor),
    ('categorical_pipeline', categorical_pipeline)
])
```

使用 FeatureUnion 合并
类别数据和数值数据

```
clf_tree_more_aware = Pipeline(
    steps=[
        ('normalize_priors', NormalizeColumnByLabel(
            col='priors_count', label='race')),
        ('preprocessor', preprocessor),
        ('classifier', classifier)
])
```

新流程将通过 Yeo-Johnson
消除差异影响/处理，并将
对类别数据应用 LFR 来处
理模型不知情的问题

```
clf_tree_more_aware.fit(X_train, y_train)

more_aware_y_preds = clf_tree_more_aware.predict(X_test)
```

为在 DataFrame 中应用 LFR 模块，我们编写了大量的代码。这么做的主要原因是需要将 pandas DataFrame 转化为 aif360 专有的数据格式，并在处理后转换回来。现在模型已经训练完成，让我们对模型的公平性进行最终评估。

```
exp_tree_more_aware = dx.Explainer(
    clf_tree_more_aware, X_test, y_test,
    label='Random Forest DIR + LFR', verbose=False)

mf_tree_more_aware = exp_tree_more_aware.model_fairness(
    protected=race_test, privileged="Caucasian")

pd.concat(
    [exp.model_performance().result for exp in [exp_tree,
        exp_tree_aware, exp_tree_more_aware]
])
```

从结果看，最终模型在移除差异影响和经过 LFR 处理后，其性能表现相对于原始基准模型(参见图 4-20)有了明显提升。

	recall	precision	f1	accuracy	auc
Random forest bias unaware	0.560451	0.628736	0.592633	0.652656	0.693935
Random forest DIR	0.560451	0.633835	0.594889	0.655889	0.694213
Random forest DIR + LFR	0.558402	0.639671	0.596280	0.659122	0.693426

图 4-20　最终的偏见感知模型在准确性、F1 值和精度方面都有所提升，在召回率和 AUC 方面仅有轻微下降。这是令人振奋的，这表明通过减少偏见，我们成功地让机器学习模型在更传统的指标(如准确性)上表现更好。双赢！

我们还想查看累积平等损失，以确保朝着正确方向前进：

```
Mf_tree.plot(objects=[mf_tree_aware, mf_tree_more_aware],
type='stacked')
```

当查看图表时，发现公平性指标也在降低！这是个令人振奋的消息。模型在性能方面没有受到基线模型的影响，同时在行为上表现得更加公平(见图 4-21)。

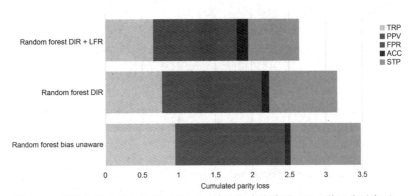

图 4-21 最终的偏见感知模型具备 DIR(差异影响移除)和 LFR(学习公平表示)，可谓是迄今最公平的模型。再次强调，数值较小意味着较小的偏见，这通常对我们更有利。对数据进行一些简单调整后，我们采取了一些正确步骤，观察到偏见的降低和模型性能的提升！

让我们最后一次检查 Dalex 模型的公平性。回顾一下，对于不可知模型，有七个数值超出了范围(0.8, 1.25)，而在五个指标中有四个被检测到存在偏见。

```
mf_tree_more_aware.fairness_check()  ◀──┐  15 个数值中有 3 个超
Bias detected in 3 metrics: TPR, FPR, STP │  出范围(0.8, 1.25)

Conclusion: your model is not fair because 2 or more criteria
exceeded
    acceptable limits set by epsilon.

Ratios of metrics, based on 'Caucasian'. Parameter 'epsilon'
was set to 0.8
➥ and therefore metrics should be within (0.8, 1.25)
                    TPR       ACC       PPV       FPR       STP
African-American  1.626829  1.058268  1.198953  1.538095  1.712329
```

```
Hispanic        1.075610 1.102362 0.965096 0.828571 0.893836
Other           0.914634 0.996850 0.806283 1.100000 0.962329
```

现在，只有三个指标超出了范围，而不是先前的七个，而且偏见现在仅在三个(而非四个)指标中被检测到。总的来说，我们的工作似乎略微提高了模型性能，同时减小了累积平等损失。

我们在这份数据上做了很多工作，但是否愿意将这个模型原封不动地提交，将其视为一个准确而公平的再犯预测器呢？绝对不会！本章的工作只触及了偏见和公平感知的皮毛，仅关注了一些预处理技术，甚至没有深入讨论其他偏见缓解形式。

4.7　练习与答案

练习 4.1

绘制新的 juv_count 特征的分布图。它的算术平均值和标准差分别是多少？

答案：

```
compas_df['juv_count'].plot(
    title='Count of Juvenile Infractions', kind='hist', xlabel ='Count'
)
```

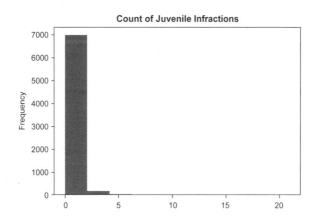

为计算平均值和标准差，可执行以下操作：

```
compas_df['juv_count'].mean(), compas_df['juv_count'].std()
```

平均值为 0.2675，标准差为 0.9527。

练习 4.2

编写 Python 代码以计算 STP 平等损失。

答案：

```
unpriv_stp = [0.508, 0.261, 0.381]     ←── 非优势群体的 STP 指标

caucasian_stp = 0.285   ←──
                              优势群体的 STP 指标          0.956

sum([abs(np.log(u / caucasian_stp)) for u in unpriv_stp])  ←──
```

4.8 本章小结

- 模型的公平性与模型性能同等重要，甚至更重要。
- 在我们的模型中，有多种定义公平性的方式，每种方式都有其优缺点：
  - 仅依赖模型的不知情通常是不够的，因为我们的数据中存在相关因素。
  - 统计平等和平等概率是两种常见的公平定义，但有时它们可能存在矛盾。
- 在训练模型之前、训练期间和训练之后，都可以减轻偏见。
- 消除不同影响和学习公平表示有助于模型变得更公平，还能略微提升模型性能。
- 仅靠预处理是不足以减轻偏见的。还需要在处理过程中和处理后采取方法，以尽量减少偏见。

第5章

自然语言处理：社交媒体情感分类

本章主要内容：

- 文本向量化的量化特征
- 对原始文本进行清理和分词以提取特征
- 利用深度学习技术提取和识别特征
- 用 BERT 进行迁移学习的优势

在前两个案例研究中，我们关注了完全不同的领域，但这两个案例研究有一个共同的重要部分：处理的是结构化的表格数据。在接下来的两个案例研究中，将探讨一些特殊情况，这些情况下，我们需要部署特定的特征工程技术才能使机器学习成为可能。在这个案例研究中，将关注 NLP(自然语言处理)领域的技术，这是机器学习的一个分支，专注于处理原始文本数据。

如前几章所述，非结构化数据广泛存在，数据科学家经常需要在非结构化数据(如文本和图像)上执行机器学习任务。常见的自然语言处理任务包括文本分类或文本回归，这涉及在仅给定原始文本的情况下进行分类或回归分析。

图 5-1 包括三个不同的文本分类示例。第一个示例"我喜欢这家餐厅！"是一种常见的情感分析，其目标是预测一段文本是积极还是消极。第二个示例"限时优惠，大奖等你拿!!11!!"是一个垃圾邮件分类任务，可能会在电子邮件主题行上运行。最后一个示例"打开客厅灯"是家庭自动化系统将语音命令转换为文本来确定被要求执行的任务。

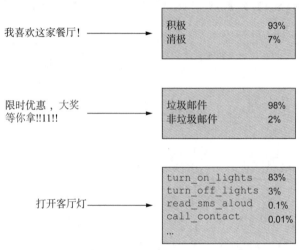

图 5-1　三个文本分类的例子

在深入探讨自然语言处理及其领域内的特征工程技术的复杂性之前，我们应该先了解一些基本术语。在本章中，将文档称为长度可变的文本片段。文档可以是电影评论、推文，甚至是一篇研究论文——实际上，可以是任何东西！文档是自然语言处理模型的主要输入。当拥有一组文档时，我们将这个集合称为语料库(图 5-2)。

NLP 问题几乎无穷无尽，因为作为人类，我们自然通过语言进行交流。我们期望机器学习驱动系统能够解析语言并执行所需的任务。然而，机器学习模型无法处理和学习长度不定的原始字符串。

这些模型需要以观测的形式接收数据，而观测数据则需要具有固定长度的特征向量。为执行任何形式的 NLP，必须将文本内容转化为特征向量形式，如图 5-3 所示。

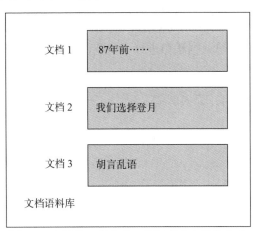

图 5-2　文档是一段文本。语料库是文档的集合

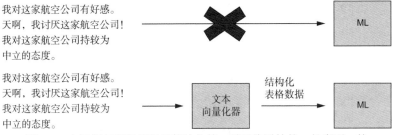

图 5-3　在运用任何机器学习算法之前，需要将原始的、长度不一的
文本转化为固定长度的特征向量

下面来看一下案例研究的数据集。

警告　本章包含一些长时间运行的代码示例，特别是在章节后半部分介绍自动编码器和 BERT 时。请注意，一些代码示例可能在本书的最低硬件要求下运行超过一小时。

5.1　推文情感数据集

在这个案例研究中，数据集来自一个 Kaggle 竞赛，即 Twitter 美国航空情感数据(https://www.kaggle.com/crowdflower/twitter-airline-sentiment)。我们对数据稍微进行了调整，使得各类别更加平衡，见代码清单 5-1。

代码清单 5-1　导入数据

```
import pandas as pd      ┐导入包
import numpy as np       ┘

tweet_df = pd.read_csv('../data/cleaned_airline_tweets.csv')
tweet_df.head()   #Bp
```

展示前五行。参见图 5-4

	text	sentiment
0	@VirginAmerica What @dhepburn said.	neutral
1	@VirginAmerica it was amazing, and arrived an ...	positive
2	@VirginAmerica I <3 pretty graphics. so muc...	positive
3	@VirginAmerica So excited for my first cross c...	positive
4	I ❤ flying @VirginAmerica. ☺👍	positive

图 5-4　Twitter 情感数据集仅包含两列：文本(text)和情感(sentiment)。
目标是仅使用文本中可用的信号来预测文本的情感

与其他章节一样，将假设对预测模型的掌控能力有限。事实上，每当尝试一种新的特征工程技术时，将用逻辑回归进行测试，并对单一逻辑回归参数进行网格搜索。这样做的原因是：目标是找到以结构化数据形式呈现文本的最佳方式，并确保如果我们看到机器学习流程性能的提升，那是由于我们的特征工程努力，并非依赖于机器学习模型的学习能力。

对于我们的数据集，虽然没有太多需要探索的内容，但浏览一下文本列和响应标签仍然是个好主意。为此，引入一个叫做 pandas profiling 的新包。pandas profiling 包提供了一个报告，用于快速描述和探索数据，以加快机器学习的分析。它可提供每列的描述，包括定量和定性信息，以及其他信息，如缺失数据的报告、文本长度的直方图等。我们需要查看一下 profiling 工具提供的报告，见代码清单 5-2。

代码清单 5-2　使用 profiling 工具了解数据

```
from pandas_profiling import ProfileReport
profile = ProfileReport(tweet_df, title="Tweets Report",
explorative=True)

profile ◄——— 检查探查对象
```

运行这段代码将生成数据报告，其中包含一些要点。例如，在 Categories 选项卡的 text 列的 Toggle Details 下，可以看到文本长度的直方图呈现出一种近似正态分布，特别是在大约 140 个字符附近有一个峰值(图 5-5)。

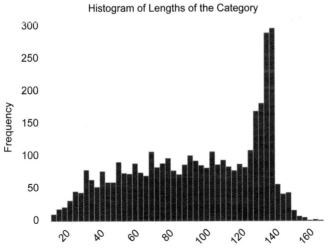

图 5-5　响应标签的情感饼图，展示情感类别的相对均匀分布

还可查看响应标签 sentiment 的分布情况。它显示数据在情感方面相当平衡，而空准确率(null accuracy)——即通过猜测最常见的类别而获得的分类基准——仅占数据的 34.9%(图 5-6)。这应该很容易超越。我们的目标是创建一个机器学习系统，能够接收一条推文并预测其情感属于 3 个类别中的哪一个。

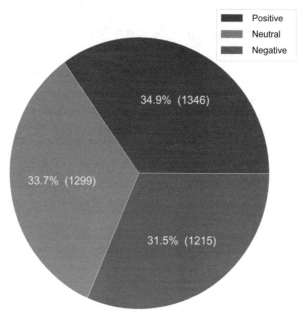

图 5-6   文本长度直方图，由 pandas profiling 工具提供

报告中包含了许多图表和表格，提供了有关数据集的更多信息，但说到底，我们手上有的就是文本和标签。在继续之前，让我们花点时间把数据集分成训练集和测试集，这样就可以满怀信心地比较特征工程努力成果了。

注意   将始终在训练集上训练特征工程系统，并将其应用于测试集，就好像测试集是全新数据，尚未被机器学习流程见过一样。

提醒一下，我们将按照常规做法将数据分为训练集和测试集：前者占 80%，后者占 20%。为了实现可重复性(确保你获得相同的拆分)，我们将设置一个 random_state，并在类别标签情感上进行分层，以确保训练集和测试集的类别分布与整体数据保持一致。在代码清单 5-3 中将所有这些编码展示出来。

代码清单 5-3　将数据分成训练集和测试集

```
from sklearn.model_selection import train_test_split

train, test = train_test_split(
    tweet_df, test_size=0.2, random_state=0,
    stratify=tweet_df['sentiment']
)

print(f'Count of tweets in training set: {train.shape[0]:,}')
print(f'Count of tweets in testing set: {test.shape[0]:,}')

Count of tweets in training set: 3,088
Count of tweets in testing set: 772
```

既然已经准备好训练集和测试集，现在是时候讨论如何通过一种称为向量化的过程将文本转换为机器学习算法可以处理的形式。

5.1.1　问题陈述和定义成功

在这里，进行了另一项分类任务。模型的目标可通过以下问题概括：对于一条推文的文本，是否能够找到有效的表示方法，并准确地对推文的情感进行分类？

这个案例研究的目标是寻找将推文转化为机器可读特征的不同方法，并利用这些特征训练模型。为更好地确定哪些特征工程技术对我们最有帮助，将坚持使用简单的逻辑回归分类器。这样，我们可以更有信心地说，流程性能的提升主要得益于我们在特征工程上的工作。

5.2　文本向量化

本章中的每种特征工程技术都将是一种文本向量化的过程。文本向量化是将原始、可变长度的文本转换为固定长度的定量特征向量的过程(见图 5-7)。这是我们将非结构化文本转化为结构化数据的方法。对文本进行任何形式的机器学习之前，我们必须首先将原始文本构建成某种结构化格式。

特征 1	特征 2	...	特征 n
0.324	0	0.453	0.43543
1	0.23	1.761	0.34
0.938	1.638	1.5	0

我对这家航空公司有好感。
天啊，我讨厌这家航空公司！
我对这家航空公司持较为中立的态度。

图 5-7　文本向量化是将非结构化的文本转化为有结构的表格表示的过程。根据文本向量化的方式不同，特征将具有不同的含义和重要性。在这里，特征 1、2、... n 可能表示特定单词或短语的出现，也可能表示深度学习模型学到的潜在特征。本章将详细介绍多种文本向量化方法，每种方法将生成不同的特征集

对文本进行向量化时，如何知道特征是什么？这取决于实施的是哪种向量化方法。在本章中，我们将看到许多向量化方法，它们在可解释性上(从高度可解释到几乎不可解释)和复杂性上(从简单的词频统计到基于深度学习的算法)各不相同。

我们的目标始终如一：将非结构化文本转换为结构化特征，以最大化对机器学习模型的预测能力。

5.2.1　特征构建：词袋模型

我们首次尝试对文本进行向量化的方法是应用词袋模型。词袋模型(见图 5-8)将文本看作单词的袋子(有时称为多重集合)。

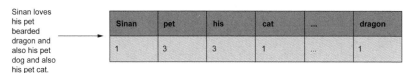

Sinan loves his pet bearded dragon and also his pet dog and also his pet cat.

Sinan	pet	his	cat	...	dragon
1	3	3	1	...	1

图 5-8　词袋模型方法将文本转换为一个考虑单词出现而不考虑
　　　　词序或语法的向量

这种方法忽略了基本的语法和词序，只依赖于单词的出现次数。

这里对于术语"单词"的使用稍显宽泛。同样可将短语视为"单词"。将短语称为"单词"的 n-gram(unigram 是一个单词的短语，bigram 是两个单词的短语，trigram 是三个单词的短语，以此类推)。因此，词袋模型有时被称为 n-gram 袋模型(见图 5-9)。在考虑 2 个或更高 n-gram 时，我们开始稍微考虑语法。在图 5-8 的示例中，bigram "bearded dragon"的意义比单独的单词"bearded"更丰富。从现在开始，将使用术语 token 来表示文本中的任何 n-gram(包括 unigram)，而 tokenizing(分词)指代将文本转换为 token 的行为。

scikit-learn 提供了内建的词袋模型文本向量化器，可以在初次尝试文本向量化时加以利用。那么，让我们开始吧！

Sinan loves his pet bearded dragon and also his pet dog and also his pet cat.

Sinan	bearded	bearded dragon	cat	...	dragon
1	1	1	1	...	1

图 5-9　同时考虑 unigram 和 bigram 的词袋模型方法将"bearded dragon"视为
　　　　一个 token，同时将 bearded 和 dragon 单独视为 token。通过考虑多词
　　　　token，我们能在向模型传递单个词的信息时，向模型传达有关单词共
　　　　现的知识

5.2.2　计数向量化

顾名思义，scikit-learn 的 CountVectorizer 模块将文本样本转换为简单 token 计数的向量。使用这个模块既迅速又简便，只需要几行代码即可完成(见代码清单 5-4)。可将该模块应用于训练集，它会

从训练语料库中学习 token 的词汇，并将语料库转换成固定长度的
向量矩阵。

代码清单 5-4　对训练集进行计数向量化

```
from sklearn.feature_extraction.text import CountVectorizer

cv = CountVectorizer()          实例化 CountVectorizer
single_word = cv.fit_transform(train['text'])

print(single_word.shape)
(3088, 6018)          6018 个特征!
```

一行代码，将
CountVectorizer
拟合到训练集，
并将其转换为
矩阵

scikit-learn 向量化器对象的输出是一个稀疏矩阵对象，这是一
个行和列矩阵的表示，但经过优化，适用于具有大尺寸并且大部
分值为空或为 0 的矩阵。为什么需要引入稀疏矩阵的概念呢？当
打印出训练矩阵的形状时，我们有 3088 行，这与在训练集中拥
有的推文数量相匹配，但我们有超过 6000 个特征(见图 5-10)。每
个特征都是在训练语料库中至少出现一次的 unigram。让我们查看
这个矩阵，了解包含哪些类型的 token：

```
pd.DataFrame(single_word.todense(), columns=cv.get_feature
_names())          CountVectorizer 特征矩阵
```

CountVectorizer 提供了十多个可用的超参数，其中之一是
max_features 参数，该参数将仅选择最常见的 token，以帮助限制特
征的数量，从而减少流程的复杂性。当然，使用此参数时必须谨慎，
因为我们丢弃的每个 token 都是潜在信号，表明我们正将它们从
ML 模型中移除，这可能使其更难正确学习情感建模。

让我们看看如何使用语料库中前 20 个最常见的 token 对文本
进行向量化，参考代码清单 5-5。我们可在图 5-11 中看到生成的
DataFrame。

	00	000	000114	000ft	00pm	0167560070877	02
0	0	0	0	0	0	0	0
1	0	0	0	0	0	0	0
2	0	0	0	0	0	0	0
3	0	0	0	0	0	0	0
4	0	0	0	0	0	0	0
...	...	...	...	...	...	...	...
3083	0	0	0	0	0	0	0
3084	0	0	0	0	0	0	0
3085	0	0	0	0	0	0	0
3086	0	0	0	0	0	0	0
3087	0	0	0	0	0	0	0

3088行×6018列

图 5-10　计数向量化训练语料库中，每行代表一个推文，每列(或特征)代表训
　　　　练语料库中存在的每个 unigram。这些看似无意义的 token 实际上是
　　　　推文中压缩的 Twitter URL

代码清单 5-5　使用有限词汇进行计数向量化

```
cv = CountVectorizer(max_features=20)          ← 设置 max_features，来
limited_vocab = cv.fit_transform(train['text'])    选择最常见的单词
pd.DataFrame(limited_vocab.toarray(), index = train['text'],
columns =
cv.get_feature_names())
```

另一个参数是 ngram_range，使得向量化器不仅考虑 unigram，
使模型能学习短语和单词的重要性。例如，单词 group 可能没有太
多用处，但短语 boarding group 现在具有更多含义。将 ngram_range
增加到查看更长 token 的范围的缺点是它倾向于爆炸性地增加要考
虑的特征数量，因为现在我们必须考虑词汇中的更多 token。在代码
清单 5-6 中拟合和转换我们的训练语料库，同时将 1-gram、2-gram
和 3-gram 单词视为 token。

代码清单 5-6   使用 1-gram、2-gram 和 3-gram token 进行计数向量化

```
cv = CountVectorizer(ngram_range=(1, 3))
more_ngrams = cv.fit_transform(train['text'])
print(larger_ngrams.shape)
(3088, 70613)
```
← 考虑 unigram(单个词)、bigram(两词组合)和 trigram(三词组合)

← 70 613 个特征!

```
pd.DataFrame(more_ngrams.toarray(), index = train['text'],
columns =cv.get_feature_names()).head()
```

text	americanair	and	flight	for	in	is	it	jetblue	me	my	of	on	southwestair
@JetBlue Maybe I'll just go to Cleveland instead.	0	0	0	0	0	0	0	1	0	0	0	0	0
smh RT @JetBlue: Our fleet's on fleek. http://t.co/lRiXalfJJX	0	0	0	0	0	0	0	1	0	0	0	1	0
@SouthwestAir I would.	0	0	0	0	0	0	0	0	0	0	0	0	1
@USAirways trying to Cancelled Flight a flight urgently...get hung up on twice??? Sweet refund policy	0	0	2	0	0	0	0	0	0	0	0	1	0
@AmericanAir you are beyond redemption. Jfk. Baggage claim looks like a luggage warehouse	1	0	0	0	0	0	0	0	0	0	0	0	0
...	...	...	...	...	...	...	...	...	...	...	...	...	...
"@JetBlue: Our fleet's on fleek. http://t.co/b5ttno68xu" I just 🏀	0	0	0	0	0	0	0	1	0	0	0	1	0
@united caught earlier flight to ORD. Gate checked bag, and you've lost it at O'Hare. original flight lands in 20minutes. #frustrating!	0	1	2	0	1	0	1	0	0	0	0	0	0
@AmericanAir hi when will your next set of flights be out for next year from Dublin???	1	0	0	1	0	0	0	0	0	0	1	0	0
@SouthwestAir Finally! Integration w/ passbook is a great Valentine gift - better then chocoLate Flight. You do heart me.	0	0	1	0	0	1	0	0	1	0	0	0	1
@JetBlue @cflanagian she's on to something	0	0	0	0	0	0	0	1	0	0	0	1	0

图 5-11   设置 max_features 参数限制了 CountVectorizer 的可用词汇，减少了特征数量，从而限制了 ML 流程中潜在有价值的信号

生成的矩阵(见图 5-12)展示了 CountVectorizer 考虑的 trigram，同时显示矩阵中有超过 70 000 个 token 和特征！这是大量的 token，其中大多数可能对情感分析没有太大意义。

text	00	00 phone	00 phone hold	00 pm	00 pm that	000	000 air	000 air miles	000 crewmembers	000 crewmembers embody	...
@JetBlue Maybe I'll just go to Cleveland instead.	0	0	0	0	0	0	0	0	0	0	...
smh RT @JetBlue: Our fleet's on fleek. http://t.co/IRiXalfJJX	0	0	0	0	0	0	0	0	0	0	...
@SouthwestAir I would.	0	0	0	0	0	0	0	0	0	0	...
@USAirways trying to Cancelled Flight a flight urgently...get hung up on twice??? Sweet refund policy	0	0	0	0	0	0	0	0	0	0	...
@AmericanAir you are beyond redemption. Jfk. Baggage claim looks like a luggage warehouse	0	0	0	0	0	0	0	0	0	0	...

3088行×70613列

图 5-12　一个包含 unigram(单个词)、bigram(两词组合)和 trigram(三词组合)的向量化推文矩阵的示例。在仅有 3000 条推文的训练集中，有 70 613 个独特的 1-gram、2-gram 和 3-gram token

暂时只考虑 unigram，将 max_features 设置为 10，然后打印出这些特征的名称，看看最常见的 token 是哪些。

代码清单 5-7　训练语料库中最常见的 unigram

```
cv = CountVectorizer(max_features=10)
cv.fit(train['text'])
cv.get_feature_names()
['and', 'flight', 'for', 'jetblue', 'on', 'southwestair',
'the', 'to', 'united', 'you']    ← 训练集内最常见的单词
```

一个显著特点是，最常见的 token 中，大部分都是一些基本词汇，如 to 和 the。这些被称为停用词(stop word)，通常在文本分类或回归中不包含太多有意义的信息。在 scikit-learn 的 CountVectorizer 中，有一个选项可移除已知的英语停用词，同时能接收一个预先编写好的停用词列表。使用代码清单 5-8 来移除英语停用词。

代码清单 5-8　训练语料库中最常见的非停用 unigram

不要将常见的词汇(如 a、the、an)视为 token

```
cv = CountVectorizer(stop_words='english', max_features=10)
cv.fit(train['text'])
cv.get_feature_names()                    训练集中最常见的非停用词

['americanair', 'flight', 'http', 'jetblue', 'service',
'southwestair', 'thank', 'thanks', 'united', 'usairways']
```

这个列表更清晰地展示了最常见的单词！

CountVectorizer 的一个缺点是它只会学习存在于训练语料库中的 token；如果在测试集中存在一个训练集中不存在的 token，那么向量化器将简单地将其丢弃。使用像 CountVectorizer 这样的词袋向量化器的主要优势之一是我们最终得到的特征更易于解释。这意味着每个特征表示文档中特定 token 的存在。创建具有顺序级别的数据，其中较高的数字表示 token 的出现次数更多。这些特征易于解释和理解。例如，如果基于树的模型对某些 token 的子集赋予了重要性，可直接解释为这些 token 在 ML 应用中的重要性。

在代码清单 5-9(结果在图 5-13 中显示)中的 ML 流程上运行 CountVectorizer 的第一次测试。在本章中，将依赖 advanced_grid_search 方法，该方法将：

(1) 接收一个同时包含特征工程流程和模型的流程。

(2) 在整个流程上运行交叉验证的网格搜索，同时调整模型和特征工程算法的参数。这是在训练集上运行的。

(3) 选择能够最大化准确率的一组参数。

(4) 在测试集上打印一个分类报告。

代码清单 5-9　在 ML 流程中使用 CountVectorizer 的特征

```
from sklearn.pipeline import Pipeline          一个非常简单的分类器
from sklearn.linear_model import LogisticRegression

clf = LogisticRegression(max_iter=10000)  ◄
ml_pipeline = Pipeline([                          计数向量化器
    ('vectorizer', CountVectorizer()),  ◄
    ('classifier', clf)
])                                        如果这个参数为 True,将在分词
                                          之前将所有文本转为小写
params = {
    'vectorizer__lowercase': [True, False],  ◄
    'vectorizer__stop_words': [None, 'english']
    'vectorizer__max_features': [100, 1000, 5000],  在逻辑回归
    'vectorizer__ngram_range': [(1, 1), (1, 3)],    上进行微调
    'classifier__C': [1e-1, 1e0, 1e1]  ◄           的唯一参数
}
print("Count Vectorizer + Log Reg\n====================")
advanced_grid_search(  ◄
    train['text'], train['sentiment'], test['text'], test
['sentiment'],                           基础笔记本中的一个函数,将
    ml_pipeline, params                  在训练集上训练 ML 流程,并
)                                        在测试集上生成一个分类报告
```

注意　在本章中,拟合模型可能需要一些时间来运行。对于我在 2021 年购买的 MacBook Pro 来说,其中一些代码片段花费了超过一个小时来完成网格搜索。

在测试集上得到的最优 CountVectorizer 参数的准确率为 79%,远高于空准确率(null accuracy),将成为我们要超越的目标。接下来将介绍另一种词袋文本向量化器,为流程增添一些复杂性,希望能够提高一些预测能力。

```
Count Vectorizer + Log Reg
======================
                precision    recall    f1-score    support

     negative      0.79       0.77       0.78        243
      neutral      0.75       0.78       0.77        260
     positive      0.84       0.83       0.84        269

     accuracy                            0.79        772
    macro avg      0.79       0.79       0.79        772
 weighted avg      0.79       0.79       0.79        772

Best params: {'classifier_c':1.0, 'vectorizer_lowercase': True, 'vectorizer_max_features': 5000,
'vectorizer_ngram_range': (1,1), 'vectorizer_stop_words': None}
Overall took 59.29 seconds
```

图 5-13　首次尝试文本向量化。结果显示，总体准确率为 79%。这个
准确率将成为未来模型需要超越的基准

5.2.3　TF-IDF 向量化

　　CountVectorizer 提供一个简单易用的向量化器作为基准特征工
程技术。为拓展其能力，将引入 TF-IDF(词频-逆文档频率)向量化器
(图 5-14)。TF-IDF 向量化器与 CountVectorizer 几乎相同，唯一的区
别在于，不仅计算每个 token 在文档中出现的次数，还通过乘以 IDF
项对该值进行归一化。

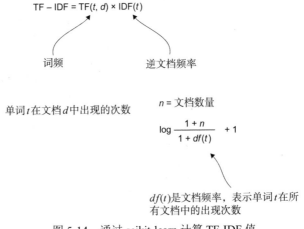

图 5-14　通过 scikit-learn 计算 TF-IDF 值

　　这种策略的出发点在于，孤立地考查单词 usairways 在单个推

文中的出现频次可能并不具备充分的趣味性或信息量；鉴于该 token 在整个语料库中可能频繁出现，单独考量其出现频次并不能揭示太多实质性的信息。与此相对，如果一个推文包含了像 abysmal 这样的单词，则可能赋予该 token 更高的关注权重，因为其出现的频次较低，从而突显了其在文本中的独特性。TF-IDF 的计算法则正是基于这样的考虑，通过对比 token 在单个文档中的出现频率与在整个语料库中的出现频率，综合评估该 token 在文档中的独有性、稀缺性以及信息价值。

通过计算 TF-IDF 值，目标是为 ML 流程的每个 token 赋予更有意义、更有用的值。让我们看看在训练语料库中最独特的 token。

代码清单 5-10　列举 TF-IDF 值最独特的 token

```
tfidf_vectorizer = TfidfVectorizer()      ← 基本的 TF-IDF
                                            向量化器
tfidf_vectorizer.fit(train['text'])

idf = pd.DataFrame({'feature_name':tfidf_vectorizer.get_feature
_names(),
'idf_weights':tfidf_vectorizer.idf_})
idf.sort_values('idf_weights', ascending=True)
```

生成的 DataFrame(图 5-15)将展示每个 token 的 IDF 值，较低的值表示较不引人注目的 token，而较高的值表示较引人注目的token。

练习 5.1　使用纯 Python(或 NumPy)手动计算 token 的 IDF 权重；该 token 在给定文档中出现一次，在整个训练集中也出现一次。

	feature_name	idf_weights
5401	to	1.932281
5316	the	2.163475
5983	you	2.288016
2419	for	2.375028
5608	united	2.497463
...	...	...
3460	lucas	8.342456
3461	lucia	8.342456
1320	cbv7f3kbkx	8.342456
3450	lowstandards	8.342456
6017	zv2pt6trk9	8.342456

6018行×2列

图 5-15 TF-IDF 认为像 to 和 the 这样的 token 并不太引人注目，这是合理的；
而 lucia、lucas 和 cbv7f3kbkx 等 token 非常引人注目，对于我们是否
有用尚不确定。请记住，这里的重要性基于在语料库中的出现频率。
token 在语料库中出现的次数越少，TF-IDF 认为它越有趣

在以下代码中尝试一下新向量化器，看看这些计算是否会取得
良好效果。

代码清单 5-11 在 ML 流程中使用 TF-IDF

```
ml_pipeline = Pipeline([
    ('vectorizer', TfidfVectorizer()),          ← TF-IDF 向量化器
    ('classifier', clf)
])
print("TF-IDF Vectorizer + Log Reg\n=====================")
advanced_grid_search(
    train['text'], train['sentiment'], test['text'], test['sentiment'],
    ml_pipeline, params          ← 与之前相同的
)                                    参数
```

结果(图 5-16)有了相当显著的改善，总体准确率超过 80%！看起来通过规范化 token 计数以提取 token 的独创性，有助于模型更好地理解情感。

既然已经掌握了使用 CountVectorizer 和 TfidfVectorizer 进行简单文本向量化的基础，让我们专注于一些特征改进技巧，以提升流程性能。

```
TF-IDF Vectorizer + Log Reg
===========================
                precision      recall      f1-score      support

    negative       0.80         0.84          0.82          243
     neutral       0.82         0.80          0.81          260
    positive       0.89         0.87          0.88          269


    accuracy                                  0.84          772
   macro avg       0.84         0.84          0.84          772
weighted avg       0.84         0.84          0.84          772

Best params: {'classifier_c':1.0, 'vectorizer_lowercase': True, 'vectorizer_max_features': 5000,
'vectorizer_ngram_range': (1,3), 'vectorizer_stop_words': None}
Overall took 57.20 seconds
```

图 5-16　相对于基本的 CountVectorizer，TF-IDF 向量化器使整体模型准确率提高至 84%，而基本 CountVectorizer 的准确率为 79%。可将性能提升归因于 TF-IDF 向量化器考虑了语料库中 token 的重要性

5.3　特征改进

到目前为止，两个向量化器都接收原始文本并生成固定长度的特征向量。我们还发现许多 token 可能没有提供太多信号，包括来自 URL 的随机字符集和航空公司提及(mention)的内容。通常设置 max_features 参数足以剔除那些罕见且无用的字符，但我们可采取更多措施。

在本节中，我们将专注于一些文本特征改进技术。在提高预测能力方面，文本清理未必有帮助，但通常总是值得一试。根据处理的文本类型，可采取多种方法来改进文本。

5.3.1　清理文本中的噪声

第一种改进技术是一个简单的清理器，它将接收原始文本并输出一个更干净的文本版本。通常，这涉及剥离已知的不良正则表达式和数据科学家提前认为没有用的模式。图 5-17 显示，清理器将文本设置为小写，去除了尾部空格，并删除了结尾的标点符号。

"I love this restaurant!" ⟶ "i love this restaurant"

图 5-17　文本清理就是在原地修改文本，去除可能分散 ML 流程注意力的任何潜在噪声

代码清单 5-12 中的清理代码设置了一些参数来清理推文。它将：

(1) 完全删除推文中的所有标签(任何以井号作为第一个字符的 token)

(2) 完全删除 URL

(3) 完全删除人物提及(任何以@符号作为第一个字符的 token)

(4) 完全删除数字

(5) 完全删除表情符号

代码清单 5-12　使用 tweet-preprocessor 清理推文

使用 https://pypi.org/project/tweet-preprocessor 库来清理推文

```
import preprocessor as tweet_preprocessor

可在这里设置要从原始推文中去除的内容

tweet_preprocessor.set_options(
    tweet_preprocessor.OPT.URL, tweet_preprocessor.OPT.MENTION,
    tweet_preprocessor.OPT.HASHTAG, tweet_preprocessor.OPT.EMOJI,
    tweet_preprocessor.OPT.NUMBER
)

删除 URL 和提及

tweet_preprocessor.clean(
    '@United is #awesome 👍 https://a.link/s/redirect 100%'
)
```

清理后的字符串将是：

`'is %'`

这是一个内容被大量过滤掉且大幅缩短的字符串。这是一个失败的清理任务。我们必须非常小心，不要去除太多内容，以至于从文本中移除所有信号；在处理短小文本(如推文)时尤其如此。

可在代码清单 5-13 中直接将这个清理函数应用到流程中，在执行机器学习之前分别对训练集和测试集进行清理。此外，将简化清理代码，仅移除文本中的 URL 和数字。

代码清单 5-13　对清理后的文本使用 TF-IDF 进行网格搜索

```
tweet_preprocessor.set_options(
    tweet_preprocessor.OPT.URL, tweet_preprocessor.OPT.NUMBER
)
ml_pipeline = Pipeline([
    ('vectorizer', TfidfVectorizer()),
    ('classifier', clf)
])
params = {
    'vectorizer__lowercase': [True, False],
    'vectorizer__stop_words': [None, 'english'],
    'vectorizer__max_features': [100, 1000, 5000],
    'vectorizer__ngram_range': [(1, 1), (1, 3)],

    'classifier__C': [1e-1, 1e0, 1e1]
}

print("Tweet Cleaning + Log Reg\n=====================")
advanced_grid_search(

    train['text'].apply(tweet_preprocessor.clean), train['sentiment'],
    test['text'].apply(tweet_preprocessor.clean), test['sentiment'],
    ml_pipeline, params
)
```

← 仅移除 URL 和提及

← TfidfVectorizer 带来更好的结果

← 在这里进行数据清理，因为该转换步骤不依赖于训练数据

在清理过的推文数据上使用 TfidfVectorizer 运行流程时，会注

意到性能急剧下降(见图 5-18)。这很可能是一个迹象，因为推文很短，去除像标签和提及这样的信号实际上是在剥夺推文中的真实信息！如果去除 token 起不到帮助作用，也许可在原地对这些 token 进行标准化。

```
Tweet Cleaning + Log Reg
========================
                  precision      recall    f1-score     support

      negative         0.79        0.81        0.80         243
       neutral         0.78        0.78        0.78         260
      positive         0.86        0.85        0.85         269

      accuracy                                 0.81         772
     macro avg         0.81        0.81        0.81         772
  weighted avg         0.81        0.81        0.81         772

Best params: {'classifier_c':1.0, 'vectorizer_lowercase': True, 'vectorizer_max_features': 5000,
'vectorizer_ngram_range': (1,1), 'vectorizer_stop_words': None}
Overall took 49.63 seconds
```

图 5-18 对文本进行清理的结果显示，清理导致性能显著下降。这表明清理实际上正在从模型中移除有用的信号。在短文档(如推文)中，这是很常见的情况，因为删除的每个 token 都可能占据整体文本相当大的比例

5.3.2 对 token 进行标准化

在上一节中，我们尝试从语料库中删除 token，希望消除噪声以提升模型性能，但效果并不理想。在本节中，我们将不再关注于删除 token，而是关注于清理它们。词干提取和词形归一化是两种用于标准化语料库中文档的文本预处理技术。

词干提取和词形归一化的目标都是将一个词缩减到其基本形式。在缩减时，经过词干提取的词被称为词干，而经过词形归一化的词被称为词形。

每种方法的工作方式都有所不同。词干提取是一种更快捷的技术，通过从一个词中截取字符直至找到根形式。有多个规则集可用于确定截取字符的方式，对于我们的案例研究，将尝试一个相当常见的规则集，称为 SnowballStemmer。从 nltk 包中导入它，并在下例中分析它的工作原理。

代码清单 5-14　尝试使用 Snowball 词干提取器

```
from nltk.stem import SnowballStemmer ◀──── 导入词干提取器
snowball_stemmer = SnowballStemmer(language='english') ◀─

snowball_stemmer.stem('waiting')
"wait"                                          实例化词干提取器
```

对于单词 waiting 进行词干提取会得到词根 wait，这是合理的，但也存在一个弊端。因为词干提取只能删除单词中的字符，有时会忽略真正的语法根词。例如，经过词干提取后，ran 仍然是 ran，而我们可能期望的词根是 run。

在这一方面，通过依赖特定语言的内置词典，词形归一化可以填补这个不足，以返回更具上下文可靠性的词根。ran 的词形归一化结果是 run，而 teeth 的词形归一化结果是 tooth。

尝试在代码清单 5-15 的流程中使用词干提取器。在此之前，我们需要通过对 nltk(自然语言工具包)停用词数据库中的单词进行词干提取，生成一个词干停用词列表。然后，将这些词干停用词作为输入传递给自定义分词器函数。

代码清单 5-15　创建一个自定义分词器

```
import re
import nltk ◀──── 导入 nltk
nltk.download('stopwords')
from nltk.corpus import stopwords
```

对 nltk 中的停用词进行词干提取

自定义分词器，对单词进行词干提取并过滤停用词

```
stemmed_stopwords = list(map(snowball_stemmer.stem,
    stopwords.words('english')))
def stem_tokenizer(_input): ◀─
    tokenized_words = re.sub(r"[^A-Za-z0-9\-]", " ", _input).
lower().split()
    return [snowball_stemmer.stem(word) for word in tokenized_
words if
```

```
        snowball_stemmer.stem(word) not in stemmed_stopwords]

stem_tokenizer('waiting for the plane')
```
◄ 将字符串转换为小写，对单词
进行词干提取，并移除停用词

自定义分词器将接受原始文本并输出经过处理的 token 列表。

- 转换为小写
- 词干提取
- 移除所有停用词

这种情况下，我们得到的 token 列表是：

```
['wait', 'plane']
```

现在可通过在 TfidfVectorizer 中设置 tokenizer 参数来使用这个自定义分词器，如代码清单 5-16 所示。注意，由于分词器将字母自动转换为小写并移除停用词，我们不必为这些参数进行网格搜索。

代码清单 5-16　使用自定义分词器

使用自定义分词器
```
ml_pipeline = Pipeline([
    ('vectorizer', TfidfVectorizer(tokenizer=stem_tokenizer)),
    ('classifier', clf)
])
Params = {
#    'vectorizer__lowercase': [True, False],
#    'vectorizer__stop_words': [],
    'vectorizer__max_features': [100, 1000, 5000],
    'vectorizer__ngram_range': [(1, 1), (1, 3)],

    'classifier__C': [1e-1, 1e0, 1e1]
}

print("Stemming + Log Reg\n=====================")
advanced_grid_search(
    # 移除清理
    train['text'], train['sentiment'],
```
◄ 不再需要，因为分词器会
移除停用词并将文本转
换为小写

```
test['text'], test['sentiment'],
ml_pipeline, params
)
```

结果(见图 5-19)显示，性能降低了，就像我们在文本清理中观察到的一样。

```
Stemming + Log Reg
====================
                precision    recall    f1-score    support

    negative       0.80       0.81        0.80        243
     neutral       0.77       0.78        0.78        260
    positive       0.86       0.84        0.85        269

    accuracy                              0.81        772
   macro avg       0.81       0.81        0.81        772
weighted avg       0.81       0.81        0.81        772

Best params: {'classifier_c':1.0, 'vectorizer_max_features': 5000, 'vectorizer_ngram_range': (1,1)
Overall took 68.18 seconds
```

图 5-19　词干提取器并未在性能上表现出提升，这意味着我们试图移除的
token 中包含足够的信号，降低了流程的性能

看起来两种特征改进技术都未起到提升性能的效果，但没关系！它们都是值得尝试的，而且揭示出关于数据更深层次的真相。

在处理文本数据时，如果基本的特征工程技术无法奏效，很容易感到挫败。但在这里，上下文似乎至关重要，在自然语言处理(NLP)中经常如此。在接下来的几章中，将不再使用代表文本中单个词元的可解释特征，而是转向潜在特征——这些特征代表了比词袋模型更复杂的数据的隐藏结构。

5.4　特征提取

在自然语言处理中，特征提取技术主要用于降低文本向量化的维度。有时，"特征提取"这个术语被用作"特征学习"的超集(先前也将其称为特征提取)；然而，在本书中，为清晰起见，将特征提取和特征学习视为两个相互独立的算法家族。无论将算法称为特征

提取还是特征学习,我们都在试图从原始数据中创建一个潜在的(通常是不可解释的)特征集。现在看一下第一个特征提取技术:奇异值分解。

5.4.1　奇异值分解

主要特征提取算法将是奇异值分解(SVD),这是一种线性代数技术,用于对原始数据集进行矩阵分解。将原始数据集分解为三个新矩阵,我们可以利用这些矩阵将原始数据集映射到一个维度较低(即列数较少)的数据集中。核心思想是将可能存在相关性的原始矩阵投影到一个新的坐标系上,该坐标系具有较少的相关特征。这些新的不相关特征被称为主成分。这些主成分自动生成新特征,同时尽可能多地捕捉原始数据集的信号。这个过程被称为主成分分析(PCA),而我们选择使用 SVD 来执行 PCA。

注意目前涉及许多数学术语和缩写。总体思路是,将运用线性代数对 token 矩阵进行分解,从原始文本中提取模式和潜在结构,以创造崭新的潜在特征,取代 token 特征。与特征选择类似,目标是从一个大小为 $m \times n$ 的数据矩阵开始,其中 m 是观察数量, n 是原始特征的数量(在这里是 token),最终得到一个大小为 $m \times d$ 的新矩阵,其中 $d < n$,如图 5-20 所示。

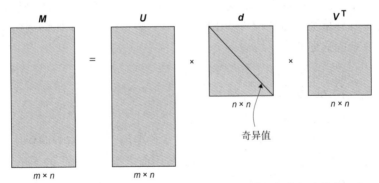

图 5-20　奇异值分解将任意矩阵分解为三个矩阵,每个矩阵代表一个
　　　　不同的线性变换

可直接将 scikit-learn 中的 SVD 实现(称为 TruncatedSVD)插入流程中，将其放在 TF-IDF 向量化器之后(见图 5-21 和代码清单 5-17)。

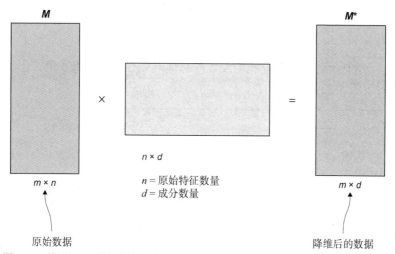

M　　　　　　　　　　　　　　　　　　M^*

×　　　　　　　　　　　=

$m \times n$

$n \times d$

n = 原始特征数量
d = 成分数量

$m \times d$

原始数据　　　　　　　　　　　　　　　　降维后的数据

图 5-21　使用 SVD 进行降维允许将 token 特征的数量(n)减少为潜在的较小数量(d)

代码清单 5-17　使用 SVD 进行降维

```
from sklearn.decomposition import TruncatedSVD

ml_pipeline = Pipeline([
    ('vectorizer', TfidfVectorizer()),
    ('reducer', TruncatedSVD()),
    ('classifier', clf)
])

params = {
    'vectorizer__lowercase': [True, False],
    'vectorizer__stop_words': [None, 'english'],
    'vectorizer__max_features': [5000],
    'vectorizer__ngram_range': [(1, 3)],

    'reducer__n_components': [500, 1000, 1500, 2000],
    'classifier__C': [1e-1, 1e0, 1e1]
}
```

使用 SVD 进行特征提取/降维

自定义分词器效果不太好，因此将其移除

降维后的成分数量

```
print("SVD + Log Reg\n=====================")
advanced_grid_search(
    train['text'], train['sentiment'],
    test['text'], test['sentiment'],
    ml_pipeline, params
)
```

　　运行上述代码后,我们发现在总体准确性方面取得了第二位的成绩(图 5-22)!

```
SVD + Log Reg
=====================
              precision    recall  f1-score   support

    negative       0.79      0.84      0.82       243
     neutral       0.82      0.80      0.81       260
    positive       0.89      0.86      0.87       269


    accuracy                           0.83       772
   macro avg       0.83      0.83      0.83       772
weighted avg       0.83      0.83      0.83       772

Best params: {'classifier_c':1.0, 'reducer_n_components': 2000, 'vectorizer_lowercase': True,
'vectorizer_max_features': 5000, 'vectorizer_ngram_range': (1,3), 'vectorizer_stop_words': None}
Overall took 583.53 seconds
```

图 5-22　通过 SVD 进行降维在更低维空间(从 5000 个 token 中提取的 2000 个成分)取得了很好的预测能力

　　通过奇异值分解在机器学习流程中进行降维,成功将 5000 个维度减少到 2000 个,仅损失了不到 1%的预测能力。这是一个出色的结果,因为这意味着我们能将高维的词袋向量映射到一个更小的潜在空间,同时仍然保持强大的预测能力。

　　这也证明,在文本的表面级词袋表示之下,我们现在有一种强烈的感觉,即存在一个更深层、潜在的结构等待被发现。我们刚执行的 SVD 转换几乎没有损失任何预测性能,这意味着可通过其他方法学习更复杂的特征集。让我们转向一些更复杂的特征学习技术,看看其中的情况。

5.5　特征学习

　　特征提取和特征学习技术之间的主要区别在于,特征提取技术通常被视为参数化的，这意味着对数据的形状进行了一些假设。在上一节中，我们了解到 SVD 算法的最终结果产生的成分可通过对原始数据及其成分进行矩阵相乘来执行数据转换。主要假设是，通过文本向量化创建的矩阵具有通过线性代数公式提取的有意义成分。

如果 SVD 无法从语料库中提取有用的特征呢？像 SVD 这样的算法(以及相关算法，如 PCA 和线性判别分析[LDA])总是能够提取特征，但这些特征未必是有效的。

另一方面，特征学习技术被认为是非参数化的，这意味着这些算法将尝试通过反复观察数据点(在多个时期)并收敛到一个解决方案(在运行时可能是不同的解决方案)来学习潜在特征。通过多次迭代数据集并一致地更新模型参数进行学习是一种随机学习。非参数化具有许多优势，意味着特征学习算法可忽略对原始数据形状的任何假设。由于我们依赖算法来学习最佳特征，因此通常使用复杂的神经网络或深度学习算法来执行特征学习。在接下来的章节中，我们将构建一个深度神经网络，尝试解构和重构文本，学习特征，直到模型理解 token 如何组合使用。

5.5.1 自动编码器简介

首个特征学习算法被称为自动编码器。自动编码器是神经网络，其输入层和输出层具有相同的维度。它们专门用于执行身份函数的网络任务，即网络试图逼近该函数：

$$A:A(x)=x$$

自动编码器在自我监督任务中进行训练，即逼近身份函数。为实现这一目标，自动编码器学会从嘈杂的数据中筛选，以尽可能高效地解构然后重构数据。

自动编码器由三个部分组成，如图 5-23 所示。

(1) 编码器接收来自输入层的数据，并学会如何忽略噪声并表示输入数据。

(2) 编码/瓶颈是网络的一部分，代表了输入的潜在表达，然后将其传递到解码器。这一层被用作输入数据的最终潜在表示。

(3) 解码器接收代码的潜在表示，并尝试在输出层中重构输入。

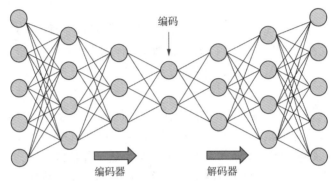

图 5-23　自动编码器是一种通过一系列层次来解构和重构数据的神经网络，其中的中间层被称为"编码"或"瓶颈"。这个编码/瓶颈层通常用来对输入数据进行潜在的尺寸压缩

根据数据类型，编码器和解码器的结构可能会有所不同。传统上，它们是全连接的前馈层；但对于文本和图像，它们也可以分别采用 LSTM 或 CNN。我们将构建一个传统的自动编码器，试图学习词袋向量的潜在表示，以开始尝试学习一些语法和上下文。

5.5.2　训练自动编码器以学习特征

将创建一个自动编码器，试图学习一个全新的特征集(图 5-24)。将依赖 TensorFlow 和 Keras 来构建和训练自动编码器网络(见代码清单 5-18)。为此，将首先使用 TfidfVectorizer 对训练语料库进行向量化，生成每个文档的长度为 5000 的词袋表示。

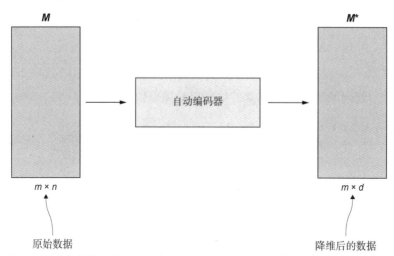

图 5-24　我们的自动编码器类似于 SVD，将减少原始数据的维度，从而减少
　　　　　特征数量

代码清单 5-18　将训练语料库向量化从而用于自动编码器

```
vectorizer = TfidfVectorizer(**{
    'lowercase': True, 'max_features': 5000,
    'ngram_range': (1, 3), 'stop_words': None
})
vectorized_X_train = vectorizer.fit_transform(
    train['text']).toarray()
vectorized_X_test = vectorizer.transform(
    test['text']).toarray()
```

在训练数据上拟
合一个向量化器，
并转换训练和测
试数据

　　我们的目标是设计一个自动编码器，对 TfidfVectorizer 创建的
词袋表示进行解构和重构。这样，我们希望自动编码器能够筛选噪
声并学习文本数据的有意义的潜在表示。

　　将构建自动编码器，其中编码器将接收长度为 5000 的向量并将
其压缩成 2000 维度的瓶颈。通过尝试几个维度大小并选择具有最
佳重构准确性的维度来确定 2000 个特征。接着，解码器将接收这
个瓶颈潜在表示，并尝试将其重构回原始的 TF-IDF 向量。如果模

型在这个任务中成功,应该能采用瓶颈表示来替代长度为 5000 的向量,并得到一个性能相似但维度较小的流程。接下来构建并编译自动编码器。

代码清单 5-19　构建并编译自动编码器

```
from keras.layers import Input, Dense          自动编码器
from keras.models import Model, Sequential      的导入操作
import tensorflow as tf

n_inputs = vectorized_X_train.shape[1]
n_bottleneck = 2000 ◄────  试图将 5000 个 token 压缩到一个
                           潜在维度,该维度的大小为 2000
visible = Input(shape=(n_inputs,), name='input')
e = Dense(n_inputs//2, activation='relu', name='encoder')
(visible) ◄────  编码/瓶颈
bottleneck = Dense(n_bottleneck, name='bottleneck')(e)

d = Dense(n_inputs//2, activation='relu', name='decoder')
(bottleneck) ◄────  解码器
output = Dense(n_inputs, activation='relu', name='output')(d)

输出层

autoencoder = Model(inputs=visible, outputs=output) ◄────
                                          定义自动编码器模型
autoencoder.compile(optimizer='adam', loss='mse') ◄────
                                          编译自动编码器模型
```

接下来,我们将训练自动编码器(见代码清单 5-20),将其与向量化的训练集拟合。现在,我们来解释一下即将设置的一些值:

(1) 将 batch_size 设置为 512,但可以根据计算机处理能力设置为其他大小。

(2) 将进行100轮的训练,因为模型是从头开始学习这些数据的。

(3) 将把 shuffle 设置为 True。这样,在训练模型时,数据通常会被分为批次。在每个批次中,模型都会看到一组数据。如果数据

没有被打乱，那么模型可能会在每个批次中看到类似的数据。这可能导致模型过度适应这些特定的数据分布，从而导致在测试数据上的表现不佳。

代码清单 5-20　拟合自动编码器

当损失不再大幅减少时停止训练

```
import matplotlib.pyplot as plt

early_stopping_callback = tf.keras.callbacks.EarlyStopping
(monitor='loss', patience=3)
```

训练的自动编码器网络

```
autoencoder_history = autoencoder.fit(vectorized_X_train,
vectorized_X_train,
                 batch_size = 512, epochs = 100,
        callbacks=[early_stopping_callback],
                 shuffle = True, validation_split = 0.10)


plt.plot(autoencoder_history.history['loss'], label='Loss')
plt.plot(autoencoder_history.history['val_loss'], label='Val Loss')

plt.title('Autoencoder Loss')
plt.legend()
```

损失结果图(图5-25)显示自动编码器确实在学习如何对原始输入进行解构和重构，但只能达到一定程度。

练习 5-2　使用 Keras 建立另一个自动编码器，接收长度为1024 的 token 向量，并将其压缩成一个 256 维的瓶颈层。为了增加一些挑战，可以在瓶颈层之前和之后分别添加大小为 512 的额外层。

最后一步是利用自动编码器对训练和测试语料进行编码，然后将该模型嵌入下面的逻辑回归中。

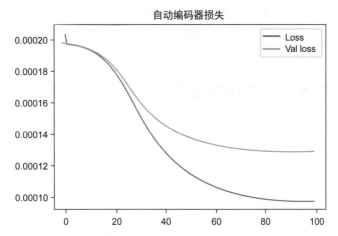

图 5-25　通过损失的降低，自动编码器能对 TF-IDF 特征进行解构和重构！我
　　　　们期望，通过这样的过程，自动编码器已经学得了一组对 ML 流程有
　　　　价值的潜在特征

代码清单 5-21　运用自动编码器进行分类

创建潜在的表示编码器

```
latent_representation = Model(inputs=visible,
outputs=bottleneck)
encoded_X_train = latent_representation.predict
(vectorized_X_train)
encoded_X_test = latent_representation.predict
(vectorized_X_test)

ml_pipeline = Pipeline([
    ('classifier', clf)
])

params = {
    'classifier__C': [1e-1, 1e0, 1e1]
}

print("Autoencoder + Log Reg\n=====================")
```

将训练和测试
语料库编码成
潜在表示

```
advanced_grid_search(
    encoded_X_train, train['sentiment'], encoded_X_test, test
['sentiment'],
    ml_pipeline, params
)
```

上述代码的结果(图 5-26)显示性能不如 SVD，仍然无法超越目前的最佳结果，即普通的 TfidfVectorizer。

```
Autoencoder + Log Reg
=====================
                precision    recall  f1-score   support

    negative        0.77      0.83      0.80       243
     neutral        0.80      0.79      0.79       260
    positive        0.87      0.83      0.85       269

    accuracy                            0.81       772
   macro avg        0.81      0.81      0.81       772
weighted avg        0.82      0.81      0.82       772

Best params: {'classifier__C': 1.0}
Overall took 9.20 seconds
```

图 5-26　自动编码器表现不如 SVD，这表明我们已经触及从词袋向量中
获取信号的极限

看起来逻辑回归模型进展受阻。在整体准确性方面停滞在 80% 左右，现在是时候采取更强有力的手段了。

到目前为止，我们一直在使用不考虑上下文和语法的词袋模型。SVD 和自动编码器依赖词袋向量作为输入，尽管它们试图在表面的 token 计数和计数归一化(TF-IDF)之下学习一些潜在表示，但仍然无法获取真实的上下文和语法结构。现在，将注意力转向最先进的自然语言处理，使用迁移学习。

5.5.3　迁移学习简介

迁移学习(图 5-27)是人工智能的一个分支，在庞大的数据集上训练复杂的学习算法(通常是深度学习模型)，通过一些无监督或自

监督任务在预训练阶段获得对领域的基本理解，然后在微调阶段将这些学习迁移到一个较小但相关的监督任务中。

传统机器学习　　　　　　　　　　　　　　　　**迁移学习**

孤立的单一任务学习：
- 知识不会被保留或积累。在不考虑从其他任务中学到的旧有知识的情况下进行学习

学习新任务依赖于先前学到的任务：
- 学习过程更快、更准确，或者需要更少的训练数据

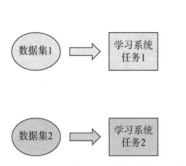
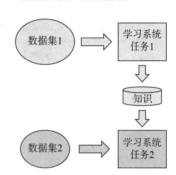

图 5-27　迁移学习的目标是在将第二个较小的数据集用于微调模型知识之前，先向机器学习模型传授任务的基础知识

在自然语言处理领域，通常让模型在上下文中阅读数十亿个语料库中的单词，并要求它一遍遍地执行一些相对基础的任务。然后，一旦模型对语言有了全面的理解，我们要求模型将注意力转向一个小而专注的数据集，涉及特定的 NLP 任务，如分类。理论上，通过阅读大型语料库获得的知识将传递到更专注的任务中，并在一开始就实现更高的准确性。

5.5.4　使用 BERT 的迁移学习

目前最炙手可热的迁移学习模块之一即为来自 Transformer 的 BERT(双向编码器表示)。Transformer 是一种类似于自动编码器的算法，包括编码器、解码器，以及输入数据之间的中间潜在表示。然而，与自动编码器不同，Transformer 的设计旨在接收数据序列并输出另一个数据序列(见图 5-28)。它们通常依赖于输入序列数据的矩

阵表示，而不是像自动编码器那样使用平面向量表示。

图 5-28　一个 Transformer 架构示例，执行英语到土耳其语翻译的序列到序列任务

BERT 是由 Google 于 2018 年开发的迁移学习算法，它仅依赖于
Transformer 的编码器。通过学习大量非结构化数据，即来自维基百科
的 25 亿个单词和来自 BookCorpus 的 8 亿个单词，BERT 掌握了语法、
上下文和 token。它能将文本转化为大小为 768 的固定长度向量(对
于基础 BERT，大小可能有所变化)。

BERT 在进行少样本学习方面表现卓越；这是一种机器学习类
型，当只有极少量的训练数据(有时甚至只有几十个示例)可供学习
时(见图 5-29)，它的表现十分突出。在本例中，数据集过于庞大，无
法被视为良好的少样本学习的典型示例。

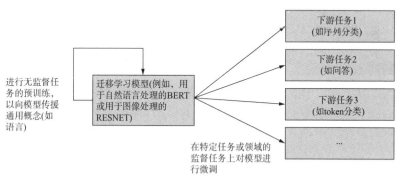

图 5-29　BERT 是一种语言模型，经过预训练以理解语言，并能将这种
　　　　知识迁移到各种下游监督任务中

BERT 在两个任务上进行了预训练(见图 5-30)。

● 遮蔽语言模型(masked language model，MLM)任务向 BERT

展示一句带有 15%缺失单词的句子，然后要求 BERT 填充
空白。这有助于 BERT 学习单词在更大句子结构中的上下
文使用方式。

● 下一句预测(next sentence prediction，NSP)任务向 BERT 展
示两个句子，并询问："在文档中，句子 B 是否直接跟在句
子 A 之后？"这个任务教会 BERT 如何理解更大文档中句
子的关联。

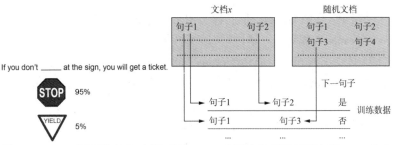

图 5-30　MLM 预训练任务(左侧)教给 BERT 在更大句子背景下个别 token 的含
义。而 NSP 任务则教导 BERT 如何在更大文档中对齐句子

这两个任务可能看起来并不是特别实用，因为它们并不是为此
而设计的。它们旨在向 BERT 传授通过上下文进行语言建模的基础
知识。同样的预训练概念也可以应用于图像，正如下一章中详细介
绍的那样。

说到底，BERT 是一种语言模型，简单来说，它可以接收原始、
长度不一的文本，并输出一个固定长度的文本表示。这是对文本进
行向量化的一种方式，也是目前领先的文本向量化方法之一。

注意　逻辑回归并非充分发挥 BERT 特征优势的理想选择。理想情
况下，我们应该在已经庞大的 BERT 架构基础上训练一个新
的前馈层。这里，选择使用逻辑回归作为实验的一部分，以
优化使用复杂特征工程的简单模型的性能。

5.5.5　使用 BERT 的预训练特征

将在代码清单 5-22 中使用一个名为 transformers 的库加载预训练的 BERT 模型。将利用其预训练的向量表示来尝试提升逻辑回归模型的性能。

> **注意**　将使用 BERT 的基础版本，即 BERT-base。还有许多不同版本的 BERT，包括 BERT-large、DistilBERT 和 AlBERT，它们都在不同或更多的数据上进行了预训练。

我们计划从 TensorFlow 和 Keras 转向 PyTorch。可以发现 PyTorch 库在加载这些模型和执行训练循环方面表现出色，我们相信熟悉 Python 中两个最常用的深度学习库将非常有益。

代码清单 5-22　开始使用 BERT

加载一个标准的 BERT-base-uncased 模型　　　　　　　　　　BERT 的导入操作

```
from transformers import BertTokenizer, BertModel
import torch

bert_model = BertModel.from_pretrained('bert-base-uncased')
bert_tokenizer = BertTokenizer.from_pretrained('bert-base-
uncased')
```
还需要加载 BERT 分词器

```
tweet = 'I hate this airline'
token_ids = torch.tensor(bert_tokenizer.encode(tweet)).unsqueeze(0)
bert_model(token_ids)[1].shape
```

将一个经过分词的输入送入 BERT 模型　　　　　　　　BERT 基础模型输出长度为 768 的定长向量

上述代码块加载了 BERT-base-uncased 模型，这是标准的 BERT 模型(在内存中仍然相当大)，其词汇表由未区分大小写(即小写化/大小写不重要)的 token 组成。这些 token 都经过 MLM 和 NSP 任务的预训练。代码清单 5-23 中有一个名为 batch_embed_text 的辅助函数，负责将文本语料批量编码为 BERT 输出的长度为 768 的向量。

代码清单 5-23   使用 BERT 对文本进行向量化

```
from tqdm import tqdm
import numpy as np

def batch_embed_text(bert_model, tokenizer, text_iterable,
batch_size=256):
    '''这个辅助方法将使用给定的分词器和 BERT 模型，对一个文本可迭代对象
进行批量嵌入(向量化)'''
    encoding = tokenizer.batch_encode_plus(text_iterable,
padding=True)
    input_ids = np.vstack(encoding['input_ids'])
    attention_mask = np.vstack(encoding['attention_mask'])

    def batch_array_idx(np_array, batch_size):
        for i in tqdm(range(0, np_array.shape[0], batch_size)):
            yield i, i + batch_size

    embedded = None

    for start_idx, end_idx in batch_array_idx(
        input_ids, batch_size=batch_size):
        batch_bert = bert_model(
            torch.tensor(input_ids[start_idx:end_idx]),
            attention_mask=torch.tensor(attention_mask[start_
idx:end_idx])
        )[1].detach().numpy()
        if embedded is None:
            embedded = batch_bert
        else:
            embedded = np.vstack([embedded, batch_bert])

    return embedded

bert_X_train = batch_embed_text(
    bert_model, bert_tokenizer, train['text'])
bert_X_test = batch_embed_text(
    bert_model, bert_tokenizer, test['text'])
```

现在，可使用辅助函数对文本进行批量嵌入(向量化)

现在已经有了包含 BERT 嵌入文本的矩阵，剩下的就是通过分类流程运行这些矩阵，如代码清单 5-24 所示。

代码清单 5-24　使用 BERT 进行分类

```
ml_pipeline = Pipeline([
    ('classifier', clf)
])

params = {
    'classifier__C': [1e-1, 1e0, 1e1]
}

print("BERT + Log Reg\n=====================")
advanced_grid_search(
    bert_X_train, train['sentiment'], bert_X_test, test['sentiment'],
    ml_pipeline, params
)
```

如图 5-31 所示，性能提升的效果立竿见影！尽管提升并不是很显著，但已经优于调整无数个词袋向量化器。

```
BERT + Log Reg
=====================
                precision    recall  f1-score   support

    negative       0.85      0.86      0.85       243
     neutral       0.81      0.82      0.82       260
    positive       0.88      0.86      0.87       269

    accuracy                           0.85       772
   macro avg       0.85      0.85      0.85       772
weighted avg       0.85      0.85      0.85       772

Best params: {'classifier__C': 1.0}
Overall took 34.47 seconds
```

图 5-31　BERT 的预训练已经超过了我们在本章中见过的任何先前的向量化器

流程似乎在 85%的性能附近停滞，这更可能是由于逻辑回归模型过于简单。当使用 BERT 时，若我们真的希望取得最满意的结果，应考虑使用深度学习进行分类。我们的目标是突显迁移学习作为一种语言模型的强大能力，它不必进行不断的超参数调整，因为它已经通过预训练学会了语言的运作方式。现在，通过回顾本章所涉及的内容来结束我们对文本向量化的探讨。

5.6　文本向量化回顾

在处理原始文本进行机器学习时，大部分特征工程工作都涉及文本向量化：将可变长度的文本转换为固定长度的特征向量。仅在本章中，我们已经看到至少四种不同的方法将文本转换为特征，而它们仅是对这种转换的初步探讨。

开始时只允许使用逻辑回归作为分类器。我们这样做是为了专注于特征工程技术，但这绝不等同于说："自编码器一定不如奇异值分解好，因为在这个案例研究中奇异值分解表现更好。"你选择的文本向量化方法应基于上下文和对你的数据以及领域的实验。

迁移学习是否真的是唯一的解决之道？当然不是！我们对文本向量化的探究，从词袋模型、文本清理，一路经过特征提取/特征学习，最终抵达迁移学习，旨在展示文本向量化的多种方式，每一种都伴随着利弊，如表 5-1 所述。

表 5-1　自然语言处理案例研究结果概要

	计数向量化	TF-IDF向量化	奇异值分解(或类似的参数化算法)	自动编码器	迁移学习(如 BERT)
易于解释的特征？	是	是	否	否	否
易于使用？	是	是	是	否	起初不是
容易向非专业人士描述吗？	是	是	否	不太确定	否
可能创建庞大的稀疏矩阵吗？	是	是	否	否	否

(续表)

	计数向量化	TF-IDF向量化	奇异值分解(或类似的参数化算法)	自动编码器	迁移学习(如 BERT)
总体而言，在自然语言处理中何时使用？	用于构建基准的自然语言处理模型	为保持自然语言处理流程的简单性	用于减少数据集的维度数量	在使用诸如 SVD 的参数技术，但未取得很好的效果时，用来减少数据集的维度数量	进行少样本学习或利用预训练特征

5.7 练习与答案

练习 5.1

使用纯 Python(或 NumPy)手动计算 token 的 IDF 权重；该 token 在给定文档中出现一次，在整个训练集中也出现一次。

答案：

```
np.log((1 + train.shape[0]) / (1 + 1)) + 1
8.342455512358637
```

练习 5.2

使用 Keras 构建另一个自编码器，接收长度为 1024 的 token 向量，并将其压缩成一个 256 维的瓶颈层。为了增加一些挑战，可以在瓶颈层之前和之后分别添加大小为 512 的额外层。

答案：

```
visible = Input(shape=(1024,), name='input')
hidden_layer_one = Dense(512, activation='relu', name='encoder')
(visible)
bottleneck = Dense(256, name='bottleneck')(hidden_layer_one)
hidden_layer_two = Dense(512, activation='relu', name='encoder')
(bottleneck)
```

```
    output = Dense(1024, activation='relu', name='output')(hidden_
layer_two)

    autoencoder = Model(inputs=visible, outputs=output)

    autoencoder.compile(optimizer='adam', loss='mse')
```

5.8 本章小结

- 文本向量化对自然语言处理至关重要，它构成了在文本数据上进行机器学习的基础。
- 有许多文本向量化的方法：
  - 词袋模型计算文本中 token 的数量，并将这些计数作为特征。这些计数可通过 TF-IDF 等进行标准化。
  - 迁移学习模型可以通过预先在大量数据上进行预训练来生成特征。
- 使用奇异值分解(SVD)和自动编码器进行降维可以减少我们处理的特征数量，同时保留来自原始数据集的信号。
- 在文本数据中，清理数据可以剔除噪声，但前提是存在足量的噪声，而且这些噪声与预测信号是相互独立的。
- 在文本向量化方面，没有一种绝对正确的方法，也不存在完美的自然语言处理流程。自然语言处理工程师应该做好尝试和实验的准备，根据具体情况来推断哪些技术更适用。

第**6**章

计算机视觉：对象识别

本章主要内容：

- 将图像转化为机器学习中的定量特征
- 将像素值用作特征
- 从图像中提取边缘信息
- 对深度学习模型进行微调，学习最优的图像表示形式

本章将进行图像案例研究。正如在自然语言处理案例研究中一样，本章的关键问题是：如何将图像呈现为机器可读的格式？在这一章中，将探讨构建、提取和学习图像特征表示的方法，以解决对象识别问题。

对象识别简单来说就是处理带有标签的图像，每个图像都包含一个独立的对象，而模型的任务是将图像分类为指定图像中的对象类别。对象识别被认为是一个相对简单的计算机视觉问题，因为我们不必考虑使用边界框在图像中找到对象，也不必执行除了纯分类之外的其他操作，通常只需要将其分类到相互独立的类别中即可。让我们直接深入分析这个案例研究的数据集——CIFAR-10 数据集。

警告　本章还包含一些需要长时间运行的代码示例。考虑到图像文件的大小以及在内存中保留它们所需的内存空间，处理图像的过程可能十分繁杂。请注意，如果硬件配置较差，某些代码示例可能需要运行一个多小时。

6.1　CIFAR-10 数据集

　　CIFAR-10 数据集广泛用于训练对象识别架构。专门托管数据的网站声称，该数据集包含 60 000 幅 32×32 的彩色图像，分为 10 个类别，每个类别包含 6000 幅图像。共有 50 000 幅训练图像和 10 000 幅测试图像。网站上提供了解析数据的说明，让我们在代码清单 6-1 中使用这些说明自行加载数据。

代码清单 6-1　导入 CIFAR-10 数据

```
def unpickle(file):                    ◀──── 该函数从主要的 CIFAR 网站加载文件
    with open(file, 'rb') as fo:
        d = pickle.load(fo, encoding='bytes')
    return d

def load_cifar(filenames):
    training_images = []
    training_labels = []

    for file_name in filenames:
        unpickled_images = unpickle(file_name)
        images, labels = unpickled_images[b'data'], unpickled_
images[b'labels']    ◀──── 从文件中获取图像和标签
        images = np.reshape(images,(-1, 3, 32, 32))
        images = np.transpose(images, (0, 2, 3, 1))
        training_images.append(images)       重新塑形并转置，格式为
        training_labels += labels            (number_of_images,height,
                                             width,channel[RGB])
    return np.vstack(training_images), training_labels
```

```
print("Loading the training set")
training_files = [f'../data/cifar-10/data_batch_{i}'
                 for i in range(1, 6)] # D
training_images, int_training_labels = load_cifar(
    training_files)

print("Loading the testing set")
training_files = ['../data/cifar-10/test_batch']
testing_images, int_testing_labels = load_cifar(
    training_files)

print("Loading the labels")
label_names = unpickle(
    '../data/cifar-10/batches.meta')[b'label_names']
training_labels = [str(label_names[_]) for _ in int_training_
labels]
    testing_labels = [str(label_names[_]) for _ in int_testing_
labels]
```

加载训练和测试图像

加载标签

现在，可以尝试查看图像：

```
import matplotlib.pyplot as plt
print(training_labels[0])
plt.imshow(training_images[0])
```

每个图像都是一个 32×32 的图像，每个像素都包含 RGB 值，这三个值也称为通道。请注意，如果一幅图像只有一个通道，那么该图像将是黑白的。因此，每个图像的形状(也称为格式)是(32,32,3)：32 个像素高，32 个像素宽，每个像素包含 RGB 值，取值范围在 0 到 255 之间。因此，每个图像由 3072 个值表示。

6.1.1 问题陈述与定义成功

在这里，进行了另一次分类，但这次要对 10 个类别进行分类(见图 6-1)。模型的目标可以用以下问题概括：给定一张原始图像，能找到方法准确地表示图像并对其中的对象进行分类吗？

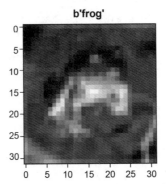

图 6-1　CIFAR-10 数据集中的第一幅训练图像是一只青蛙。该数据集共有 10
个类别：飞机、汽车、鸟、猫、鹿、狗、青蛙、马、船和卡车

　　本案例研究的目标是找到不同的方法将图像转化为机器可读的特征，并利用这些特征来训练模型。就像第 5 章中的自然语言处理研究一样，我们将坚持使用简单的逻辑回归分类器，目标是确保机器学习流程性能的提升主要归功于特征工程工作，而非其他因素。

6.2　特征构建：像素作为特征

　　首次尝试以机器可读的格式表示图像，方法是直接使用像素值作为特征。为此，将取各通道的平均像素值(mean pixel value，MPV)，然后将这些值重新调整为一维，而非二维。这种方法的可视化可在图 6-2 中找到。

　　使用平均像素值的步骤如下：

　　(1) 取图像中最终维度/轴上的均值。

　　(2) 将每个图像重新塑形为一个平坦的数组。

　　这个简单过程将提供一个包含 1024 个特征值的向量(32×32)，可以输入我们的模型中。

　　现在，可对比机器学习流程中的这些特征。与上一个案例研究一样，将对比每种图像向量化技术在逻辑回归的简单网格搜索中的

效果。目标是提供一个相对一致的机器学习模型流程，其中变化的
因素是特征工程工作。这样可以了解我们的努力取得了怎样的效果。

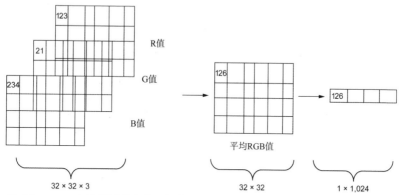

图 6-2　MPV 方法通过将红色、绿色和蓝色像素矩阵的平均值(即图中的 R 值、
　　　G 值和 B 值)转化为一个包含平均颜色值的矩阵，然后将平均颜色矩阵
　　　重新调整为每个图像的单一维度，将图像转化为数组

让我们运行一些代码来计算平均像素值特征。如代码清单 6-2
所示。

代码清单 6-2　计算平均像素值

```
avg_training_images = training_images.mean(
    axis=3).reshape(50000,-1)
avg_testing_images = testing_images.mean(
    axis=3).reshape(10000,-1)
```
将 RGB 值进行平均，
并重新塑形，使其成为
每个图像的一维向量

```
print(avg_training_images.shape)
```

现在有了一个大小为(50000, 1024)的训练矩阵和一个大小为
(10000, 1024)的测试矩阵。让我们运行网格搜索代码(代码清单 6-3)，
在平均像素值上训练逻辑回归。请记住，这个案例研究的目标是找
到图像的最佳表示，方法是在逻辑回归上进行网格搜索，使用在测
试集上得到的准确性作为衡量特征工程工作效果的标准。

注意 拟合模型可能需要一些时间来运行。对于我在 2021 年购买的 MacBook Pro，其中一些代码段花费了一个多小时来完成网格搜索。

代码清单 6-3　基准模型：使用平均像素值作为特征

```
from sklearn.pipeline import Pipeline                    导入机器学习包
from sklearn.linear_model import LogisticRegression
                                       创建简单 LogisticRegression 模型的实例
clf = LogisticRegression(max_iter=100, solver='saga')
ml_pipeline = Pipeline([
    ('classifier', clf)                 建立简单的网格搜索流
])                                      程，为逻辑回归模型尝
                                        试三个不同的值
params = { # C
    'classifier__C': [1e-1, 1e0, 1e1]
}                                          运行网格搜索，获取流程的准确性值

print("Average Pixel Value + LogReg\n====================")
advanced_grid_search(
    avg_training_images, training_labels, avg_testing_images,
testing_labels,
    ml_pipeline, params
)
```

代码运行的结果显示，在 2021 年购买的一台 MacBook Pro 上，配备了 16GB RAM 但没有 GPU，仅对三个参数进行了网格搜索，整个过程耗时约 20 分钟，而最佳准确率仅为 26%(图 6-3)。虽然结果并不理想，但这为我们提供了一个可超越的基准模型。本章末尾将回顾已介绍的所有图像向量化方法，并比较它们之间的差异。

将原始像素值直接视为特征是不稳定的；对于现代计算机视觉问题而言，这很可能永远不是图像的最佳表示方式。现在转向一种更符合行业标准的方法，从图像中提取特征：梯度方向直方图。

	precision	recall	f1-score	support
b'airplane'	0.23	0.27	0.25	1000
b'automobile'	0.34	0.35	0.35	1000
b'bird'	0.23	0.19	0.20	1000
b'cat'	0.19	0.15	0.17	1000
b'deer'	0.20	0.13	0.16	1000
b'dog'	0.26	0.30	0.28	1000
b'frog'	0.25	0.22	0.23	1000
b'horse'	0.26	0.23	0.25	1000
b'ship'	0.28	0.38	0.32	1000
b'truck'	0.36	0.41	0.38	1000
accuracy			0.26	10000
macro avg	0.26	0.26	0.26	10000
weighted avg	0.26	0.26	0.26	10000

```
Best params: {'classifier__C': 10.0}
Overall took 1148.33 seconds
```

图 6-3　与上一个案例研究一样，将测试集的整体准确率作为首选度量标准。尽管 MPV 方法在预测能力上并不十分强大，但将提供一个基准准确率，即 26%。如果认为单个类别比其他类别更重要，可查看每个类别的个别精度和召回率分数，但将假设模型的整体准确率是我们最重视的

6.3　特征提取：梯度方向直方图

在上一节中，我们采用了原始像素值作为特征，但结果并不尽如人意。在本节中，我们将看一下定向梯度直方图(histograms of oriented gradients，HOG)的效果如何。HOG 是一种常用于对象识别任务的特征提取技术。它侧重于通过量化对象边缘的梯度(或大小)及方向来关注图像中对象的形状。

HOG 会在图像的分块局部区域内计算梯度和方向，然后计算梯度和方向的直方图，以确定最终的特征数值。这就是这个过程被称为 HOG(定向梯度直方图)的原因。

该过程分为五个步骤。

(1) (可选)进行全局图像归一化。这可以采用伽马压缩的方式，即对每个颜色通道进行平方根或对数运算。这一步骤旨在抵御光照

效应(例如，图像中不同的光照可能给模型引入噪声)，同时有助于减弱局部阴影的影响。

(2) 计算图像在 x 和 y 方向上的梯度，并利用梯度计算幅度(即图像变化的速度)和方向(图像变化最快的方向)。梯度捕捉纹理信息、轮廓/边缘信息等。我们使用局部主导的颜色通道(在该区域中强度最大的颜色)来帮助减少颜色差异效应。可使用一个叫做 pixels_per_cell 的参数来设置局部区域的大小。

(3) 在图像的各个单元格中计算一维方向直方图。可通过一个名为 orientations 的参数来设定直方图的箱数。与普通直方图不同的是，HOG 的微小差异在于，我们不再像通常那样在一个箱中简单计数，而是使用幅度在直方图中进行投票。这样做可使图像中的焦点在最终的特征集中拥有更强的影响力。

(4) (可选)对块进行归一化计算。通过在每个块中应用某个函数对直方图进行处理，以进一步减少光照变化、阴影和边缘对比的影响。可通过调整 cells_per_block 参数来改变块的大小。归一化的块描述被称为 HOG 描述符。

(5) 收集 HOG 描述符，将它们连接成最终的一维特征向量，以表示整个图像。

可利用 scikit-image 包快速完成这五个步骤。在训练图像上看一个 HOG 例子。为此，需要设定一些参数。

- 设置 orientations=8，以计算每个单元格中 8 个箱的直方图。
- 设置 pixels_per_cell=(4, 4)，将单元格大小设定为 4 像素乘以 4 像素。
- cells_per_block=(2, 2)用于将块大小设置为 2 个单元格乘以 2 个单元格或 8 像素乘以 8 像素。
- transform_sqrt=True 用于应用全局预处理步骤，以对图像值进行归一化。
- block_norm='L2-Hys'作为块归一化函数。

关于方向、每个单元格的像素和每个块的单元格数量，我们相对随意地选择了这些作为基准。尽管本可花更多时间找到这些参数的最佳值，但我们迅速转向更先进的技术。我们想要强调 HOG 特征作为出色的图像向量基准，在某些较简单的计算机视觉情境下，它们可能是速度和效率的最佳选择。可将 HOG 特征和上一章中的词袋(BOW)向量化器进行类比。HOG 和 BOW 都是较早的图像和文本向量化方法，可将它们作为起点。

关于这些参数的更多信息可在 scikit-image 文档的 HOG 特征提取器主页找到：https://scikit-image.org/docs/0.15.x/api/skimage.feature.html。现在，让我们继续探讨以下内容，其中将展示如何可视化 CIFAR 数据的 HOG 特征。

代码清单 6-4　展示 CIFAR-10 数据集中的 HOG 特征

```
from skimage.feature import hog                      从 scikit-image
from skimage import data, exposure                   导入相关函数
from skimage.transform import resize


for image in training_images[:3]:                    计算三幅训练图片的
                                                     HOG 特征
    hog_features, hog_image = hog(
        image,
        orientations=8, pixels_per_cell=(4, 4), cells per
block=(2, 2),
        channel_axis=-1, transform_sqrt=True,
        block_norm-'L2-Hys', visualize=True)

    fig, (ax1, ax2) = plt.subplots(
        1, 2, figsize=(4, 4), sharex=True, sharey=True)

    ax1.axis('off')
    ax1.imshow(image, cmap=plt.cm.gray)              将 HOG 特征图与
    ax1.set_title('Input image')                     原始图片并排绘制

    ax2.axis('off')
    ax2.imshow(hog_image, cmap=plt.cm.gray)
    ax2.set_title('Histogram of Oriented Gradients')
```

```
print(hog_features.shape)          ←———————— 特征向量的大小
plt.show()
```

　　图 6-4 展示了几幅 CIFAR 图像的列表，左侧是原始图像，右侧是可视化的 HOG 图像。可清晰地看到 HOG 图像中的轮廓和运动，减少了很多背景噪声。

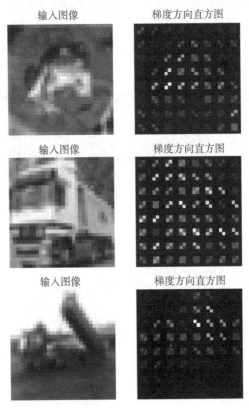

图 6-4　CIFAR-10 图像样本及其相应的 HOG 可视化。每个单元格展示了突出图像边缘的最显著运动方向。HOG 可视化是其原始图像的低保真度表示，将成为机器学习模型的输入

注意　计算 HOG 特征时，最佳实践是将图像调整为 1:2 的比例(例如，
　　　32×64)。然而，由于图像已经很小，我们选择不这样做，以免
　　　丢失任何宝贵的信息，但 HOG 计算仍能正常进行！

　　现在让我们创建一个辅助函数(代码清单 6-5)，以批量方式将训
练和测试图像转换为定向梯度直方图(HOG)特征，使用代码清单 6-4
中设置的参数。如果我们愿意，可以建立一个自定义的 scikit-learn
转换器来达到同样的效果；然而，由于转换到 HOG 特征与我们的
机器学习流程中的其他任何事物都是独立的，因此在运行任何机器
学习模型之前，将整个训练和测试矩阵转换为 HOG 矩阵更迅速。
代码清单 6-5 将为我们完成这个任务。

代码清单 6-5　为 CIFAR-10 数据集计算 HOG 特征

```
from tqdm import tqdm
def calculate_hogs(images):
    hog_descriptors = []
    for image in tqdm(images):
        hog_descriptors.append(hog(
            image, orientations=8, pixels_per_cell=(4, 4),
            cells_per_block=(?, ?), transform_sqrt-Truc,
            channel_axis=-1, block_norm='L2-Hys',
            visualize=False
        ))

    return np.squeeze(hog_descriptors)

hog_training = calculate_hogs(training_images)
hog_testing = calculate_hogs(testing_images)
```

tqdm 会提供一个进度条,这样我们就
能看到计算 HOG 特征需要多长时间

用于计算一组
图像的 HOG 特
征的函数

　　现在我们拥有了 HOG 特征，让我们通过在代码清单 6-6 中对
其进行机器学习流程的训练来测试这些特征对图像的表征效果
如何。

代码清单 6-6　将 HOG 作为特征

```
print("HOG + LogReg\n====================")
advanced_grid_search(
    hog_training, training_labels, hog_testing, testing_labels,
    ml_pipeline, params
)
```

在图 6-5 中，我们立刻就能注意到，使用 HOG 特征相对于原始像素值在性能上有显著提升，整体准确率从 26% 迅速提升至 56%。虽然，我们对 56% 的准确率并不满足，但这绝对是一个进步！一个小缺点是运行网格搜索代码所需的时间增加了，这意味着模型可能会运行得稍慢一些。部分原因在于我们处理了更多总体特征。利用原始像素值生成了 1024 个特征，而 HOG 则生成了超过 1500 个特征。

	precision	recall	f1-score	support
b'airplane'	0.61	0.61	0.61	1000
b'automobile'	0.68	0.69	0.69	1000
b'bird'	0.43	0.37	0.40	1000
b'cat'	0.42	0.36	0.39	1000
b'deer'	0.47	0.50	0.49	1000
b'dog'	0.47	0.44	0.46	1000
b'frog'	0.56	0.69	0.62	1000
b'horse'	0.58	0.60	0.59	1000
b'ship'	0.64	0.64	0.64	1000
b'truck'	0.68	0.70	0.69	1000
accuracy			0.56	10000
macro avg	0.55	0.56	0.56	10000
weighted avg	0.55	0.56	0.56	10000

```
Best params: {'classifier__C': 0.1}
Overall took 1480.04 seconds
```

图 6-5　使用 HOG 特征的结果显示，性能从之前的 26% 提升至 56%。虽然 56% 的准确度并不算惊人，但需要注意模型要在 10 个类别中进行选择。同时，由于学习的特征数量增加，也能观察到整体模型变得更缓慢

如果只有一种方法能捕捉 HOG 特征的表征，又能减少特征的复杂性就好了。哦，等等，在上一章我们看到过这样一个例子！让

我们看看是否可利用降维技术来简化流程。

6.3.1　通过 PCA 进行降维优化

在上一章，当使用 scikit-learn 中截断的奇异值分解(SVD)模块时，我们已经看到了降维的实例。这里，可以运用相同的思路，试图减少逻辑回归模型需要学习的特征数量，同时保留从 HOG 中得到的表征。

这里采用不同于上一章的方法。与其通过网格搜索来找到最优值，不如在运行任何机器学习代码之前对 HOG 特征进行主成分分析(PCA)。然后，找到要使用的最佳主成分数量，最后在运行逻辑回归模型之前减少维度。代码清单 6-7 将对 HOG 特征运行 PCA，并输出每增加一个主成分时所解释方差的累积量。

代码清单 6-7　使用 PCA 进行降维

导入 PCA 模块
```
from sklearn.decomposition import PCA

num_hog_features = hog_training.shape[1]

p = PCA(n_components=num_hog_features)
p.fit(hog_training)

plt.plot(p.explained_variance_ratio_.cumsum())
plt.title('Explained Variance vs # of PCA Components')
plt.xlabel('Number of Components')
plt.ylabel('% of Explained Variance')
```

原始 HOG 变换的特征数量

应用 PCA 模块对 HOG 矩阵进行拟合

展示累积解释方差

生成的图表(见图 6-6)显示，随着每增加一个维度，原始数据中有多少方差被捕捉到。现在的任务是选择一个令我们满意的代表原始 HOG 特征的主成分数量。从图中看，600 个主成分似乎是一个合理的选择；解释的方差百分比接近 100%，比原始 HOG 特征集合中的特征少了 60%以上。因此，选择 600 作为最佳主成分数量似乎是一个好主意！

练习 6-1　使用 10、100、200 和 400 个主成分，找到所解释方差的累积百分比。

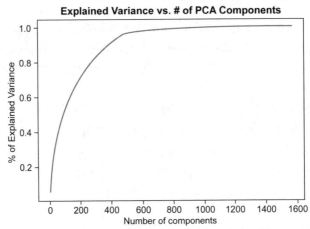

图 6-6　PCA 图表显示，大约 600 个主成分应足以捕捉 HOG 特征的信息，同时减少了 60% 的特征数量

既然已经确定将特征数量减少到 600，让我们将 HOG 特征降维到 600 维，并在代码清单 6-8 中重新运行网格搜索函数。

代码清单 6-8　使用降维后的 HOG 维度作为特征

```
p = PCA(n_components=600)          ←——— 选择提取 600 个新特征

hog_training_pca = p.fit_transform(hog_training)    将原始HOG特征映射
hog_testing_pca = p.transform(hog_testing)          至降维后的空间

print("HOG + PCA + LogReg\n=====================")
advanced_grid_search(    ←——— 获取降维后的 HOG 特征的准确率
    hog_training_pca, training_labels, hog_testing_pca, testing_
labels,
    ml_pipeline, params
)
```

在图 6-7 中，结果令人鼓舞！观察测试集上模型的准确度，可以看到我们并没有丧失整体的预测能力，而且代码运行速度提高了大约 75%(上次运行需要超过 1480 秒，而这次运行只需要不到 390 秒)，这意味着模型的学习和预测速度大大加快。这是 PCA 和 SVD 等降维技术发挥良好作用的一个例子!

	precision	recall	f1-score	support
b'airplane'	0.60	0.60	0.60	1000
b'automobile'	0.68	0.69	0.68	1000
b'bird'	0.44	0.37	0.40	1000
b'cat'	0.42	0.35	0.38	1000
b'deer'	0.46	0.50	0.48	1000
b'dog'	0.48	0.45	0.46	1000
b'frog'	0.56	0.69	0.62	1000
b'horse'	0.58	0.59	0.58	1000
b'ship'	0.63	0.63	0.63	1000
b'truck'	0.68	0.70	0.69	1000
accuracy			0.56	10000
macro avg	0.55	0.56	0.55	10000
weighted avg	0.55	0.56	0.55	10000

```
Best params: {'classifier__C': 0.1}
Overall took 389.02 seconds
```

图 6-7　对 HOG 特征应用 PCA 得到相同的准确性，但流程的复杂性显著降低，这表现在运行网格搜索所需的时间减少了 75%。可以肯定地说，这个模型更快，而且准确性未减

到目前为止，我们尝试的每种技术都在提高预测能力或减少模型和特征复杂性方面取得了更好的结果。在上一章中，我们看到通过迁移学习实现的最先进的特征学习带来了最佳效果。现在，将目光转向我们研究的最后一部分，引入另一种基于迁移学习的模型，看看在这里是否同样能够取得好效果。

平均像素特征方法和 HOG 提取器都能对图像进行出色而快速的转换，在某些情况下一直表现相当不错。现在，让我们来了解更先进的特征学习技术，使用最新的迁移学习模型。

6.4　使用 VGG-11 进行特征学习

正如我们之前提到的，HOG 特征和 NLP 数据集中的 BOW 特征虽然被领域内的许多从业者广泛使用，但它们正迅速被更先进的基于深度学习的特征学习和提取技术所取代。在我们的 NLP 案例研究中，依赖于强大的 BERT；而对于图像，将把注意力转向 VGG 家族中的 VGG-11 迁移学习模型。

VGG(Visual Geometry Group)代表牛津大学的一个组织(https://www.robots.ox.ac.uk/~vgg)，该组织在 2014 年设计了 VGG 模型，并将其用于以 ImageNet 数据集为中心的对象识别任务，ImageNet 数据集类似于 CIFAR-10。VGG 模型是卷积神经网络(ConvNet)，在网络中广泛使用卷积和池化层来表征图像。卷积层将应用某些滤波器/卷积核，这是应用于 3D 输入的局部区域的函数，并输出另一组 3D 结果。图 6-8 展示了 ConvNet 与传统前馈神经网络的高层次视图对比。池化层周期性地减小表示的大小，以促进更快地学习并防止过拟合。这些滤波器被视为可学习的参数，因此 ConvNet 的目标是学习在给定任务中提取图像局部区域的有用信息的最佳滤波器(函数)是什么。如 6.3 节所述，我们是在应用特定的梯度或方向滤波器，以从图像中提取边缘信息。ConvNet 试图学习在没有明确告知应用哪类滤波器的情况下，哪类滤波器最适合解决特定任务。

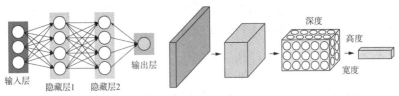

图 6-8　左图是传统的神经网络，右图为卷积网络。ConvNet 将神经元排列成三个维度

VGG 体系结构的网络主要分为两个部分：特征学习部分和分类器。网络的特征学习部分通过卷积和池化层来学习图像的有用表示。

分类器部分将这些表示映射到一组标签，以进行分类。在 ImageNet 上预训练的版本会将图像映射到数据集中的 1000 个标签之一。

　　VGG-11 是 VGG 模型中较小的版本，其名称来源于模型中包含的 11 个权重层：特征学习部分有 8 个卷积层，分类器部分有 3 个全连接层。这 8 个卷积层专门用于学习最能代表图像的功能性滤波器，而另外 3 个全连接层则将这种表示转换为标签分类任务。图 6-9 展示了 VGG-11 模型的所有层的可视化。

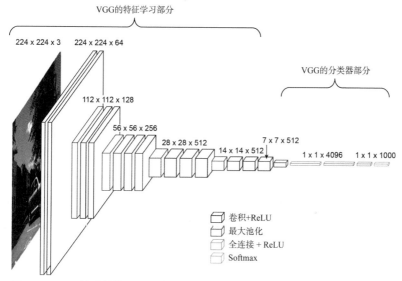

图 6-9　VGG 体系结构主要分为两个部分。VGG 的特征学习部分是使用卷积和池化层，并采用 ReLU 激活函数进行构建的

6.4.1　使用预训练的 VGG-11 作为特征提取器

　　特征提取器是特征学习部分。确实如此，但我们将利用在 ImageNet 数据库上训练过的 VGG-11 模型的特征学习部分，将图像映射到预训练的长度为 512 的特征向量上。我们期望训练期间发生的特征学习能成为一个对图像矢量化有益的函数。

注意 这里并没有按照 VGG-11 作者们原本的规格要求使用。例如，原始模型的训练图像是 224×224 像素，而我们的图像只有 32×32 像素。虽然我们并非总是要严格遵循作者的意图，但了解我们违反了哪些假设总是有帮助的。这样，如果模型表现不佳，我们就能知道可能出了什么问题。

在代码清单 6-9 中，让我们以与上一章加载 BERT 相同的方式加载 VGG-11 模型。然后，使用从 VGG 论文中直接获取的均值和标准差对图像进行标准化。需要记住的是，标准化指的是计算每个像素值的 z 分数，其中均值和标准差已在离线学习过程中得到。

代码清单 6-9　加载预训练的 VGG-11 模型并对图像进行标准化

使用原始论文中的数值
对原始图像进行标准化

实例化在 ImageNet 语料库上预训练的一个 VGG-11 模型

```
import torchvision.models as models
import torch.nn as nn

vgg_model = models.vgg11(pretrained='imagenet')

normalized_training_images = ((training_images/255) - [0.485,
0.456, 0.406])
➡ / [0.229, 0.224, 0.225]
normalized_testing_images = ((testing_images/255) - [0.485,
0.456, 0.406]) /
➡ [0.229, 0.224, 0.225]
```

可查看模型本身，亲自看看图 6-10 的模型中的 11 个权重层。

现在数据已经标准化，模型也已加载完毕，我们需要执行一些额外的整理工作，将图像转换为 DataLoader。在 PyTorch 中，DataLoader 是专门设计用于批量加载数据的类。模型期望图像形状也有所不同，通道维度应该在最前面，而不是像以前那样将其放在最后。

我向你保证，结果一定是值得期待的！在代码清单 6-10 中将数据加载到 DataLoader 中。总体而言，对于训练和测试数据，步骤如下：

(1) 转置图像矩阵，使得图像数量在最前，其次是通道数，再后是高度和宽度。

(2) 将标签中的值转换为长整型。

(3) 将张量/矩阵与标签一同加载到 DataSet(数据集)中。

(4) 使用新建的 DataSet 实例化一个 DataLoader，将 shuffle 参数设置为 True，将 batch_size 设置为 2048。

```
In [185]:  vgg_model

Out[185]:  VGG(
           (features): Sequential(
             (0): Conv2d(3, 64, kernel_size=(3, 3), stride=(1, 1), padding=(1, 1))
             (1): ReLU(inplace=True)
             (2): MaxPool2d(kernel_size=2, stride=2, padding=0, dilation=1, ceil_mode=False)
             (3): Conv2d(64, 128, kernel_size=(3, 3), stride=(1, 1), padding=(1, 1))
             (4): ReLU(inplace=True)
             (5): MaxPool2d(kernel_size=2, stride=2, padding=0, dilation=1, ceil_mode=False)
             (6): Conv2d(128, 256, kernel_size=(3, 3), stride=(1, 1), padding=(1, 1))
             (7): ReLU(inplace=True)
             (8): Conv2d(256, 256, kernel_size=(3, 3), stride=(1, 1), padding=(1, 1))
             (9): ReLU(inplace=True)
             (10): MaxPool2d(kernel_size=2, stride=2, padding=0, dilation=1, ceil_mode=False)
             (11): Conv2d(256, 512, kernel_size=(3, 3), stride=(1, 1), padding=(1, 1))
             (12): ReLU(inplace=True)
             (13): Conv2d(512, 512, kernel_size=(3, 3), stride=(1, 1), padding=(1, 1))
             (14): ReLU(inplace=True)
             (15): MaxPool2d(kernel_size=2, stride=2, padding=0, dilation=1, ceil_mode=False)
             (16): Conv2d(512, 512, kernel_size=(3, 3), stride=(1, 1), padding=(1, 1))
             (17): ReLU(inplace=True)
             (18): Conv2d(512, 512, kernel_size=(3, 3), stride=(1, 1), padding=(1, 1))
             (19): ReLU(inplace=True)
             (20): MaxPool2d(kernel_size=2, stride=2, padding=0, dilation=1, ceil_mode=False)
           )
           (avgpool): AdaptiveAvgPool2d(output_size=(7, 7))
           (classifier): Sequential(
             (0): Linear(in_features=25088, out_features=4096, bias=True)
             (1): ReLU(inplace=True)
             (2): Dropout(p=0.5, inplace=False)
             (3): Linear(in_features=4096, out_features=4096, bias=True)
             (4): ReLU(inplace=True)
             (5): Dropout(p=0.5, inplace=False)
             (6): Linear(in_features=4096, out_features=1000, bias=True)
           )
```

图 6-10　VGG-11 具有 11 个权重层：特征学习部分中有 8 个卷积层，分类器部分中有 3 个前馈层

代码清单 6-10　将数据加载到 PyTorch 的 DataLoader 中

```
import torch
from torch.utils.data import TensorDataset, DataLoader

training_images_tensor =
torch.Tensor(normalized_training_images.transpose(0, 3, 1, 2))
```

将标准化的训练图像数据转换为 PyTorch 的 DataLoader

```
training_labels_tensor =
torch.Tensor(int_training_labels).type(torch.LongTensor)
training_dataset = TensorDataset(training_images_tensor,
training_labels_tensor)
training_dataloader = DataLoader(training_dataset,
shuffle=True, batch_size=2048)

testing_images_tensor = torch.Tensor(normalized_testing_images
.transpose(0, 3, 1, 2))
testing_labels_tensor =
torch.Tensor(int_testing_labels).type(torch.LongTensor)

testing_dataset = TensorDataset(testing_images_tensor,
testing_labels_tensor)
testing_dataloader = DataLoader(testing_dataset,
shuffle=True, batch_size=2048)
```

将标准化的训练图像数据转换为 PyTorch 的 DataLoader

我们即将准备好提取特征！让我们创建一个辅助函数，该函数将从 DataLoader 中获取数据批次，并将它们传递到模型的 VGG-11 特征学习部分。下一个代码清单将完成这个任务！具体来说：

(1) 将 feature_extractor 作为输入，该特征提取器(feature_extractor)本身可以接收图像的可迭代对象，并输出特征矩阵。

(2) 遍历来自 PyTorch DataLoader 的批量数据。

(3) 对于每个批次，将图像传递给特征提取器，然后将输出分离并转换为只有两个维度(batch_size 和 feature_vector_length)的 NumPy 数组。

(4) 在训练 DataLoader 和测试 DataLoader 上执行第(2)和第(3)步。

在代码清单 6-11 中，将它们聚合到最终矩阵中。注意，即使这个模型在家族中算是小的，但大小仍然超过 500MB，因此可能需要较长的运行时间！

代码清单 6-11　用于整合训练和测试矩阵的辅助函数

```
from tqdm import tqdm

def get_vgg_features(feature_extractor):
```

```
    print("Extracting features for training set")
    extracted_training_images = []
    shuffled_training_labels = []
    for batch_idx, (data_, target_) in tqdm(enumerate(training_
dataloader)):
        extracted_training_images.append(
            feature_extractor(
                data_).detach().numpy().squeeze((2, 3)))
        shuffled_training_labels += target_

    print("Extracting features for testing set")
    extracted_testing_images = []
    shuffled_testing_labels = []
    for batch_idx, (data_, target_) in tqdm(enumerate(testing_
dataloader)):
        extracted_testing_images.append(
            feature_extractor(
                data_).detach().numpy().squeeze((2, 3)))
        shuffled_testing_labels += target_

return np.vstack(extracted_training_images), \
    shuffled_training_labels, \
    np.vstack(extracted_testing_images), \
    shuffled_testing_labels
```

好的！现在，可使用同样的网格搜索辅助函数，为标准化图像提取特征，并在代码清单 6-12 中使用逻辑回归获取准确性分数。

代码清单 6-12　使用预训练的 VGG-11 特征

```
transformed_training_images, \
shuffled_training_labels, \
transformed_testing_images, \
shuffled_testing_labels = get_vgg_features(
    vgg_model.features)      ◄─────┐ 从 VGG-11 模型中提取特征

print("VGG11(Imagenet) + LogReg\n=====================")
advanced_grid_search(
```

```
    transformed_training_images,          需要重新提取训练标签,
    shuffled_training_labels,             因为数据加载器会打乱
    transformed_testing_images,           数据点的顺序
    shuffled_testing_labels,
    ml_pipeline, params
)
```

结果令人鼓舞！凭借预训练的 VGG-11 模型作为特征提取器，准确率提升至近 70%(图 6-11)；这已经相当不错，但通过对 VGG-11 进行微调以拟合 CIFAR-10 数据集，我们能否取得更好的效果呢？

```
               precision    recall   f1-score   support

          0       0.72       0.74      0.73       1000
          1       0.76       0.79      0.77       1000
          2       0.63       0.57      0.60       1000
          3       0.56       0.53      0.54       1000
          4       0.63       0.66      0.64       1000
          5       0.69       0.64      0.66       1000
          6       0.70       0.78      0.74       1000
          7       0.71       0.72      0.71       1000
          8       0.76       0.76      0.76       1000
          9       0.76       0.76      0.76       1000

   accuracy                            0.69      10000
  macro avg       0.69       0.69      0.69      10000
weighted avg      0.69       0.69      0.69      10000

Best params: {'classifier__C': 0.1}
Overall took 624.69 seconds
```

图 6-11　使用 VGG-11 的特征提取器结合逻辑回归提供了迄今为止最好的结果！注意，由于特征集更大，我们确实看到了训练时间的增加

6.4.2　微调 VGG-11

上一节展示了使用预训练的 VGG-11 模型对图像进行向量化以用于逻辑回归流程的迁移学习能力。在上一章中，使用了 BERT 来处理文本。让我们更进一步，尝试在特定数据集上对 VGG-11 进行微调，看能否取得更好的结果。将采取三个步骤来完成这个过程。

(1) 修改分类器层，使其输出 10 个值，而不是 ImageNet 中的 1000 个，以反映案例研究中希望分类的 10 个类别。

(2) 重新随机初始化分类器层中的所有权重，以消除对 ImageNet 的学习，但保留预训练的特征学习。

(3) 在 15 个时期内使用训练数据运行模型，将测试集作为验证集，同时保存最佳的权重。

可从调整架构入手，将输出标签数量从 1000 个改为 10 个，并在下面的代码中重新随机设置分类权重。注意，我们需要定义一个设备，告诉 PyTorch 是否可以使用 GPU。

代码清单 6-13 修改 VGG-11 的配置，使其能对 10 个标签进行分类，并重新随机设置分类权重

将设备设置为 cuda 或 cpu

```
device = torch.device(
    'cuda:0' if torch.cuda.is_available() else 'cpu')
```

实例化一个新的 VGG 模型

```
fine_tuned_vgg_model = models.vgg11(
    pretrained='imagenet')
```

将最终的分类器层改为输出 10 个类别，而不是 1000 个

```
fine tuned vgg model.classifier[-1].out_features = 10
```

```
for layer in fine_tuned_vgg_model.classifier:
    if hasattr(layer, 'weight'):
        torch.nn.init.xavier_uniform_(layer.weight)
    if hasattr(layer, 'bias'):
        nn.init.constant_(layer.bias.data, 0)
```

重新随机化分类器中的所有参数，以重新开始

既然模型已经准备好，让我们为训练循环(代码清单 6-14)设置参数，以微调 VGG-11 模型。将定义如下参数：

● 损失函数使用交叉熵损失，这对于多类分类是常见的选择。

● 优化器选择随机梯度下降，这是深度学习问题中常用的优化器。

- 将迭代轮数设置为 15，以节省时间，而微调预训练的迁移学习模型通常不需要过多的训练轮数。使用迁移学习的一个主要优势在于，我们不需要经过数十甚至数百轮的训练，即可获得良好的结果。

代码清单 6-14　为 VGG-11 设置训练参数

```
import torch.optim as optim

criterion = nn.CrossEntropyLoss()
optimizer = optim.SGD(
    fine_tuned_vgg_model.parameters(), lr=0.01, momentum=0.9)

n_epochs = 15                                          设定训练参数，
print_every = 10                                       参数调整过程
valid_loss_min = np.Inf                                不在此展示
total_step = len(training_dataloader)

train_loss, val_loss, \                                初始化列表以跟
train_acc, val_acc = [], [], [], []  ◀                 踪损失和准确性
```

现在，一切就绪。代码清单 6-15 中的代码有点复杂，它定义了训练循环。PyTorch 训练循环的基本思想是通过计算运行损失值来累积梯度，并通过网络进行反向传播以更新模型的权重。然后，清除梯度并重新开始。每次通过训练集时，将模型设置为评估模式以停止训练，并为 10 000 张图像构成的测试集计算损失和准确性。如果发现网络有所改善，将保存权重，以便稍后重新实例化模型。让我们开始吧！

代码清单 6-15　为 VGG-11 设置训练参数(定义训练循环)

```
for epoch in range(1, n_epochs + 1):
running_loss = 0.0
correct = 0
total=0
print(f'Epoch {epoch}\n')
```

```
for batch_idx, (data_, target_) in enumerate(training_dataloader):
    data_, target_ = data_.to(device), target_.to(device)
    optimizer.zero_grad()          ←──────┐ 清空梯度以防止梯度累积

    outputs = fine_tuned_vgg_model(data_)
    loss = criterion(outputs, target_)
    loss.backward()
    optimizer.step()

    running_loss += loss.item()
    _, pred = torch.max(outputs, dim=1)
    correct += torch.sum(pred==target_).item()
    total += target_.size(0)
    if (batch_idx) % print_every == 0:
        print ('Epoch [{}/{}], Step [{}/{}], Loss: {:.4f}'
                .format(
                    epoch, n_epochs,
                    batch_idx, total_step, loss.item())))
train_acc.append(100 * correct / total)
train_loss.append(running_loss/total_step)
print(f'\ntrain-loss: {np.mean(train_loss):.4f}, \
train-acc: {(100 * correct/total):.4f}%')

batch_loss = 0
total_t=0
correct_t=0
with torch.no_grad():
    fine_tuned_vgg_model.eval()
    for data_t, target_t in (testing_dataloader):
        data_t, target_t = data_t.to(device), target_t.to(device)
        outputs_t = fine_tuned_vgg_model(data_t)
        loss_t = criterion(outputs_t, target_t)
        batch_loss += loss_t.item()
        _, pred_t = torch.max(outputs_t, dim=1)
        correct_t += torch.sum(pred_t==target_t).item()
        total_t += target_t.size(0)
    val_acc.append(100 * correct_t/total_t)
```

```
val_loss.append(batch_loss/len(testing_dataloader))
network_learned = batch_loss < valid_loss_min
print(f'validation loss: {np.mean(val_loss):.4f}, \
validation acc: {(100 * correct_t/total_t):.4f}%\n')

if network_learned:
    valid_loss_min = batch_loss
    torch.save(fine_tuned_vgg_model.state_dict(), 'vgg_cifar10.pt')
    print('Saving Parameters')

fine_tuned_vgg_model.train()
```
Epoch 1
```
train-loss: 2.0290, train-acc: 44.4640%
validation loss: 0.9768, validation acc: 65.7600%
...
```
Epoch 11
```
train-loss: 0.5547, train-acc: 94.7540%
validation loss: 0.6072, validation acc: 84.2800%
...
```
Epoch 15
```
train-loss: 0.4310, train-acc: 98.3480%
validation loss: 0.6265, validation acc: 84.0900%
```

经过 15 个轮次，我们可以看到模型确实学会了对 CIFAR-10 数据集进行分类，甚至在测试集上达到了近 85%的准确率(见图 6-12)！这是个好消息，因为这意味着成功地优化了 VGG-11 模型，使其适用于 CIFAR-10 数据集。值得注意的是，在我于 2018 年购买的 MacBook Pro 上，这个训练循环用了大约一小时。

练习 6-2 继续训练模型，进行另外三个轮次，然后计算测试准确率的变化。

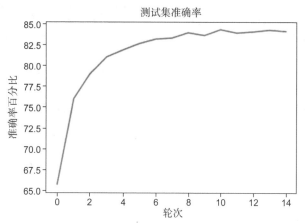

图 6-12　对 VGG-11 进行微调，测试集准确率达到将近 85% 的峰值

6.4.3　使用经过微调的 VGG-11 特征进行逻辑回归

微调过程取得了巨大成功，但存在一个小问题。我们没有使用逻辑回归进行实际分类，而依赖于 VGG-11 模型分类部分最终的前馈层执行实际分类。因此，不清楚实现的近 85% 准确率中有多少是由于八个图像表示层学到了更好的图像表示，有多少是由于三个分类器层学到了最佳的分类权重。但我们有办法解决这个问题！

我们再迈进一步，从微调的 VGG-11 特征提取器中获得准确性结果，并利用逻辑回归执行实际分类。换言之，将使用微调后的 VGG-11 模型的特征部分将原始图像转换为特征。不使用 VGG-11 上的分类器，我们将依赖于一直以来使用的同一逻辑回归模型。这将让我们更好地了解相对于其他图像向量化器，VGG-11 的特征表现有多么出色。

为实现这一点，加载另一个 VGG-11 模型，使用训练循环中的最佳权重，并再次依赖于辅助函数，对代码清单 6-16 中的标准化图像进行转换。

注意 本可使用刚刚微调的模型，但从过去的训练循环中加载权重是一个很好的方法。在训练循环完成后运行准确性指标是一种常见的做法。

代码清单 6-16　使用经过微调的 VGG-11 提取特征

```
cifar_fine_tuned_vgg_model = models.vgg11(      实例化一个新的
    pretrained='imagenet')                       VGG-11 模型
cifar_fine_tuned_vgg_model.classifier[-1]
.out_features = 10
cifar_fine_tuned_vgg_model.load_state_dict(
    torch.load('vgg_cifar10.pt',
map_location=device))                           ◄─┐
                                                   │  加载已训练好
cifar_finetuned_training_images, \                 │  的参数，并提取
shuffled_training_labels, \                         │  微调后的特征
cifar_finetuned_testing_images, \                  │
shuffled_testing_labels = get_vgg_features(        │
    cifar_fine_tuned_vgg_model.features) ◄────────┘

print("Fine-tuned VGG11 + LogReg\n=====================")
advanced_grid_search(  ◄──────对微调后的特征运行网格搜索
    cifar_finetuned_training_images, shuffled_training_labels,
    cifar_finetuned_testing_images, shuffled_testing_labels,
    ml_pipeline, params
)
```

结果几乎只比训练循环期间获得的最佳测试准确率差 1%(见图 6-13)。这证明微调过程确实使 VGG-11 模型学到了适用于 CIFAR-10 数据集的最佳图像表示，而非仅依赖于分类器层来达到如此高的性能。

	precision	recall	f1-score	support
0	0.84	0.87	0.85	1000
1	0.91	0.91	0.91	1000
2	0.78	0.76	0.77	1000
3	0.68	0.67	0.67	1000
4	0.79	0.81	0.80	1000
5	0.77	0.74	0.75	1000
6	0.85	0.88	0.87	1000
7	0.85	0.86	0.85	1000
8	0.91	0.90	0.90	1000
9	0.90	0.89	0.90	1000
accuracy			0.83	10000
macro avg	0.83	0.83	0.83	10000
weighted avg	0.83	0.83	0.83	10000

```
Best params: {'classifier__C': 0.1}
Overall took 607.62 seconds
```

图6-13　从使用预训练的VGG-11达到69%的准确率，到使用微调后的VGG-11特征达到将近85%的准确率，表明微调方法确实迫使VGG-11模型学到了针对这一特定对象识别任务的最佳图像表示

6.5　图像矢量化总结

在这一章中，我们探讨了许多用于机器学习流程的图像矢量化方法。表 6-1 总结了每种方法以及它们各自的指标。很明显，迁移学习方法取得了最佳结果，就像在上一章关于自然语言处理的情况一样。

然而，对于图像来说，性能提升更显著。这很可能是因为，一张图片胜过千言万语。相对于简短的推文，图像中的变化和噪声更丰富。这或许解释了为什么 CountVectorizer 和 BERT 之间的性能差异不像 HOG 特征和 VGG-11 之间那么明显。为非结构化文本和图像选择的矢量化方法通常取决于数据和机器学习任务的复杂程度。

表 6-1 展示图像矢量化方法，并附带相应的统计数据。总的来说，在测试集上，使用 VGG-11 作为分类器的前馈网络取得了最佳的准确性

流程描述	测试准确性	运行网格搜索代码所需的时间/分钟	特征数量/个
平均 RGB 值 + 逻辑回归	26%	19	1024
HOG + 逻辑回归	56%	25	1568
HOG + PCA + 逻辑回归	56%	**6**	600
VGG-11 + ImageNet + 逻辑回归	69%	10	**512**
VGG-11 + ImageNet + 前馈分类器	**84%**	不适用，但微调大约用了 1 小时	**512**
VGG-11 + ImageNet + 微调 + 逻辑回归	83%	10	**512**

6.6 练习与答案

练习 6.1

使用 10、100、200 和 400 个主成分，找到所解释方差的累积百分比。

答案：

```
explained_variance = p.explained_variance_ratio_.cumsum()

for i in [10, 100, 200, 400]:
    print(f'The explained variance using {i} \
    components is {explained_variance[i - 1]}')
The explained variance using 10 components is 0.17027868448637712
The explained variance using 100 components is 0.5219347292907045
The explained variance using 200 components is 0.696400699801984
The explained variance using 400 components is 0.9156784465873314
```

练习 6.2

继续训练模型，进行另外三个轮次，然后计算测试准确率的
变化。

由于深度学习训练中涉及随机性，答案可能会有所不同。

6.7　本章小结

- 图像矢量化和文本矢量化都是将原始非结构化数据转化为
  结构化、固定长度的特征向量的方式，这在机器学习中必
  不可少。
- 像 MPV 和 HOG 这样的特征构建和提取技术为图像矢量化
  提供了一个出色而快速的基线方法，但通常相对于更为深
  入且复杂的深度学习技术而言，它们的效果较为有限。

第 7 章

时间序列分析：利用机器学习进行短线交易

本章主要内容：

- 处理时间序列数据
- 构建自定义特征集和响应变量，使用标准的时间序列特征类型
- 追踪机器学习流程的短线利润
- 在数据集中添加领域特定的特征，以提升性能
- 提取和选择特征，以最小化噪声并最大化潜在信号

我们已经学习了很多内容，从表格数据到偏见减少再到文本和图像矢量化。所有这些数据集有一个共同点：都是基于某个特定时间点的快照。在开始分析之前，COMPAS 数据集中的所有人的数据都已被聚合，所有推文都已经发送，所有图像都已拍摄。另一个相似之处是数据集中的每一行都不依赖于数据集中的其他行。例如，如果从 COMPAS 数据集中选择一个人或从 NLP 数据集中选择一条

推文,那么与个人相关的值都不依赖于该数据集中的另一个数据点。我们不会追踪一个人的数据随时间的变化情况。到目前为止,一直处理的数据集之间的另一个相似之处是,在机器学习流程中总有一个相当直接的响应变量要预测。例如,我们总是知道推文的情感、照片中的对象,或者患者是否患有COVID-19。我们从未对试图预测的内容有任何疑虑。

这个案例研究将打破所有这些假设和传统。在本章中,将处理时间序列数据,这意味着每一行都依赖于前一行,而数据集直接受时间的影响。此外,将自行构建响应变量,因为没有明确的响应变量可供使用。

时间序列数据并不是最常见的数据类型,但当面对它们时,必须调整思维方式,以一种全新方式思考特征工程。时间序列数据在某种程度上是最终的挑战,因为我们没有清晰的特征,也没有一个明确的目标。这要求领域专业人士和投身于数据的科学家发挥他们的创造力和智慧。让我们直接深入研究时间序列案例,探讨短线股价交易。

7.1　TWLO 数据集

今天的数据集是由本人在 Yahoo! Finance 整理而成。我的业余爱好是利用机器学习模型预测股票价格的波动,而我非常兴奋地将这个问题的基础引入这个案例研究中!目标是预测 Twilio(我最喜欢的科技公司之一)股票在同一天内的短线波动。Twilio 的股票代码是 TWLO,因此数据集被命名为 twlo_prices.csv。让我们开始吧,首先在代码清单 7-1 中导入 TWLO 数据。

代码清单 7-1　导入 TWLO 数据

```
import pandas as pd
price_df = pd.read_csv(f"../data/twlo_prices.csv")
price_df.head()
```

时间序列数据集有 3 个列(如图 7-1 所示):

- close 列，表示对应的那一分钟的收盘价。
- volume 列，代表了对应的那一分钟的交易股票数量。
- date 列，精确到分钟级别的日期和时间。

	close	volume	date
0	99.98	93417.0	2020-01-02 14:30:00+00:00
1	99.78	16685.0	2020-01-02 14:31:00+00:00
2	100.14	21998.0	2020-01-02 14:32:00+00:00
3	100.35	18348.0	2020-01-02 14:33:00+00:00
4	100.55	22181.0	2020-01-02 14:34:00+00:00

图 7-1　时间序列数据中，每一行代表一分钟的交易数据，包括这一分钟的收盘价和交易股票的数量

　　只有这三列数据，我们似乎没有太多可利用的信息。但这正是大多数时间序列数据的本质！通常必须从一个基础的数据集出发，将原始的列转化为可用且整洁的特征，就像在这个案例中一样。

　　这同样适用于响应变量——即最终将作为 ML 流程预测目标的那一列。你可能已经注意到，除了没有真正可用的特征之外，也没有一个清晰的响应变量。ML 流程将尝试预测什么呢？在设置数据时，还需要构建一个可行的响应变量。

　　然而，在采取任何行动之前，将 DataFrame 的索引设置为 date 列(代码清单 7-2)。这是很有用的，因为当 pandas DataFrame 将日期时间列作为索引时，可执行专门针对日期时间数据的操作，还可更轻松地在图表中可视化数据。在我们的数据集中，默认情况下所有日期时间都是 UTC，因此还将该日期时间转换为本地时区。将使用美国的太平洋时区，因为那是我写作时所在位置的时区。

代码清单 7-2　在 pandas 中设置时间索引

```
price_df.index = pd.to_datetime(price_df['date'])
price_df.index = price_df.index.tz_convert
('US/Pacific')
```
将索引设置为 date 列，并配置时区为太平洋时区

```
price_df.sort_index(inplace=True)
```
按照索引(时间)对 DataFrame 进行排序

```
del price_df['date']
```

```
price_df.head()  # 显示处理后数据集的前 5 行
```
删除 date 列，因为它现在是索引

得到的 DataFrame 将具有新的日期时间索引，将减少一列，如图 7-2 所示。

date	close	volume
2020-01-02 06:30:00-08:00	99.98	93417.0
2020-01-02 06:31:00-08:00	99.78	16685.0
2020-01-02 06:32:00-08:00	100.14	21998.0
2020-01-02 06:33:00-08:00	100.35	18348.0
2020-01-02 06:34:00-08:00	100.55	22181.0

图 7-2　将 DataFrame 的索引设置为日期时间索引并删除 date 列后，得到 DataFrame。请注意，date 列现在略低于列标题，以表示它现在是索引

既然有了一个日期时间索引，我们可以绘制 close(收盘价)列，如下所示，以对价格的整体走势有一个直观的了解：

```
price_df['close'].plot()
```

图 7-3 展示了 TWLO 从 2020 年 1 月到 2021 年 7 月的价格走势。

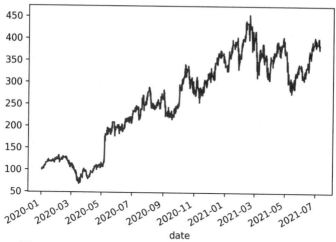

图 7-3　TWLO 价格从 2020 年 1 月到 2021 年 7 月的走势图

如前所述，还没有一个真正的响应变量。让我们考虑一下如何确定要解决的问题，以便深入研究与时间序列相关的特征工程技术。

7.1.1　问题陈述

我们的数据被视为多变量时间序列，意味着有多个变量按照相等大小的时间增量顺序记录。在我们的例子中，有两个变量，即 close(收盘价)和 volume(交易量)。相比之下，单变量时间序列问题每个时间段只有一个值。如果我们只有收盘价或只有交易量而没有另一个，将面临一个单变量问题。

为简化问题，让我们仅使用 close 列生成一个响应变量。这是因为我们想要解决的更有趣问题是，能否在给定的一分钟内预测未来的收盘价？计算将很简单——对于每一分钟，计算当前价格与当天结束时的价格之间的变化百分比。流程将是一个二元分类器；变化百分比是正还是负？

代码清单 7-3 将执行以下操作：

(1) 获取当天的最后一个价格，并计算当前时间戳对应的价格与最终价格之间的变化百分比。

(2) 将变化百分比转换为二元响应变量。如果变化是正的，认为该行是看涨(金融术语，表示股票价格上涨)；如果是负的，认为是看跌(金融术语，表示股票价格下跌)。

代码清单 7-3　在 pandas 中设置时间索引

```
last_price_of_the_day = price_df.groupby(
    price_df.index.date).tail(1)['close'].rename(
        'day_close_price')                          ← 计算每天的
last_price_of_the_day.index = \                        TWLO 收盘
last_price_of_the_day.index.date                       价格


price_df['day'] = price_df.index.date           ← 在价格 DataFrame 中
                                                   添加一列来表示日期

price_df = price_df.merge(
    last_price_of_the_day, left_on='day',
right_index=True)                    ←   将收盘价格合并到细
                                         粒度 DataFrame 中

price_df['pct_change_eod'] = (
    price_df['day_close_price'] - price_df['close']) \
    / price_df['close']             ←   当前价格与今日收盘
                                        价相比的变化百分比

price_df['stock_price_rose'] = \
price_df['pct_change_eod'] > 0       ←   创建响应列——
                                         一个二元响应

price_df.head()
```

图 7-4 显示了 DataFrame，其中包含新二元响应变量。

date	close	volume	day	day_close_price	pct_change_eod	stock_price_rose
2020-01-02 06:30:00-08:00	99.98	93417.0	2020-01-02	103.15	0.031706	True
2020-01-02 06:31:00-08:00	99.78	16685.0	2020-01-02	103.15	0.033774	True
2020-01-02 06:32:00-08:00	100.14	21998.0	2020-01-02	103.15	0.030058	True
2020-01-02 06:33:00-08:00	100.35	18348.0	2020-01-02	103.15	0.027902	True
2020-01-02 06:34:00-08:00	100.55	22181.0	2020-01-02	103.15	0.025858	True

图 7-4　现在有了一个二元响应变量 stock_price_rose，为 ML 流程提供了一个预测目标。现在唯一剩下的就是构建一些特征来预测这个目标

注意 通过自动交易获得持续的收益风险极高且困难，我们不建议那些没有适当风险承受能力和足够资金的人进入这个领域。

现在，已经有了一个响应变量，但没有任何特征来提供信号从而预测它。就像使用 close 列创建响应变量一样，还使用 close/volume 列创建一些特征，为 ML 流程提供一些可预测的依据。

7.2　特征构建

在构建时间序列数据的特征时，通常可分为以下四类：
- 日期/时间特征
- 滞后特征
- 滚动窗口特征
- 扩展窗口特征

这些类别分别代表了对最初的 close/volume 列进行解释的不同方式，每种方式都有其优点和缺点，因为生活中几乎所有事情都有利弊。我们将在每个类别中构建特征，现在让我们开始吧！

7.2.1　日期/时间特征

日期/时间特征是使用每一行的时间值构建的特征，关键的是，它们在构建时不依赖于任何其他行的时间值。通常以序数特征的形式呈现，或者采用某些布尔标志来指示值发生在一天中的哪个时间。

让我们创建两个日期/时间特征：
- dayofweek 将是一个序数特征，表示星期几。可将这些映射为字符串以增加可读性，但最好将序数列保留为数字，使其更适合机器阅读。
- morning 将是一个名义的二元特征，如果数据点对应于太平洋时区中午之前的日期时间，则为 true，否则为 false。

代码清单 7-4 将创建流程的前两个特征。

代码清单 7-4　创建日期/时间特征

```
price_df['feature__dayofweek'] = \
price_df.index.dayofweek
price_df['feature__morning'] = price_df.index.hour < 12
```

一个二进制特征，表示是否在中午之前

表示星期几的序数特征

图 7-5 展示了两幅图表：

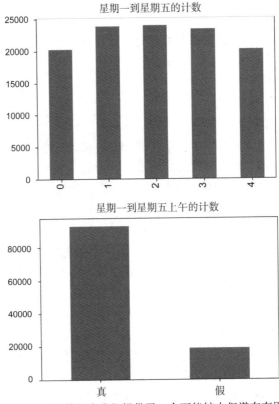

星期一到星期五的计数

星期一到星期五上午的计数

图 7-5　两个日期/时间特征为我们提供了一个可能较少但潜在有用的信号，即假设股票的走势与星期几(星期一与星期五)或与一天中的时间(上午或非上午)之间存在某种关系

- 顶部呈现了按星期划分的数据点数量。注意，星期一和星期五(0 和 4)较少，主要是因为大多数导致市场休市的节假日都落在这两天。
- 底部呈现了中午前后的数据点数量。根据太平洋时间调整，大多数数据点集中在上午，因为市场通常在太平洋时间上午 6:30 开市。

7.2.2　滞后特征

时间序列数据为我们提供了独特的机会，允许我们在当前时刻利用过去的数据作为特征。利用这一机会的特征被称为滞后特征。换句话说，在时刻 t，滞后特征利用了先前时间步(t-1、t-2 等)的信息。在 Python 中，可通过 pandas 的 shift 功能轻松构建滞后特征，该功能可将系列/列向前或向后移动。还将使用可选参数 freq 来指定 shift 方法向前或向后移动的步数。

让我们构建两个滞后特征(见代码清单 7-5)：

- 特征 30_min_ago_price 代表 30 分钟前的价格。将使用频率 T，表示分钟。
- 特征 7_day_ago_price 代表 7 天前的价格。将使用频率 D，表示天。

代码清单 7-5　构建滞后特征

```
price_df['feature__lag_30_min_ago_price'] = \
price_df['close'].shift(30, freq='T')
price_df['feature__lag_7_day_ago_price'] = \
price_df['close'].shift(7, freq='D')

price_df['feature__lag_7_day_ago_price'].plot(figsize=(20,10))
price_df['close'].plot()
```

当绘制"30 分钟前"的滞后特征时(如图 7-6)，可看到类似于通过红蓝 3D 眼镜看到的图像。实际上，稍微向右的那条线只是表示

30 分钟前的价格,所以它看起来像左边整条线(原始价格)稍微前移了一些。

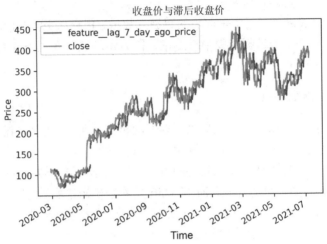

图 7-6　滞后特征实际上就是过去某个时刻的收盘价格

7.2.3　滚动/扩展窗口特征

滞后特征让我们了解过去发生的事情,正如接下来要介绍的两种时间序列特征一样:滚动窗口特征和扩展窗口特征。

滚动窗口特征

滚动窗口特征与滞后特征相似,因为它们都使用先前时间戳的值作为信息源。主要区别在于滚动窗口特征使用过去一段时间的数据,在一个静态窗口(时间范围)内计算一个统计量,将其用作当前时间戳的特征。换句话说,一个 30 分钟滞后特征只是获取 30 分钟前的值并将其用作特征,而一个 30 分钟滚动窗口特征将获取过去 30 分钟内的所有值,在值上应用一些简单函数,并将结果用作特征。许多情况下,函数通常用于统计,如计算均值或中位数。

在计算所有时间戳的滚动窗口特征时,窗口会随着时间戳的变化而移动(见图 7-7)。这样,滚动窗口特征会忘记固定窗口大小之前发生的事情。这赋予了滚动窗口特征保持在当前时刻的能力，但失去了记住长期趋势的能力。

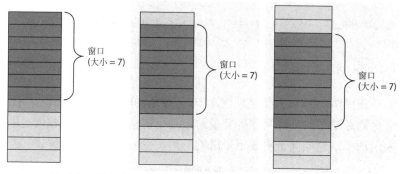

图 7-7　滚动窗口特征利用给定的固定窗口中先前行的数值。对于任何给定的行(最深色阴影标记的下一行)，我们仅使用过去的 n 个数值(其中 n 表示通过最深色阴影标记的窗口的大小)来计算滚动窗口特征

在本例中，将创建四个滚动窗口特征(见代码清单 7-6)：

- rolling_close_mean_60　是一个滚动的 60 分钟平均价格。这也称为移动平均。

- rolling_close_std_60　是价格的滚动 60 分钟标准差。这将帮你了解过去一小时内的价格波动。

- rolling_volume_mean_60　是成交量的滚动 60 分钟平均值。这将帮你了解过去一小时内的市场活跃程度。

- rolling_volume_std_60　是成交量的滚动 60 分钟标准差。这将帮你了解过去一小时内交易数量的波动性。

代码清单 7-6　创建滚动窗口特征

```
price_df['feature__rolling_close_mean_60'] = \
price_df['close'].rolling('60min').mean()       ◄── 滚动 60 分钟平均价格
price_df['feature__rolling_close_std_60'] = \
price_df['close'].rolling('60min').std()        ◄── 滚动 60 分钟价格标准差
price_df['feature__rolling_volume_mean_60'] = \
price_df['volume'].rolling('60min').mean()      ◄── 滚动 60 分钟平均成交量
```

```
price_df['feature__rolling_volume_std_60'] = \
price_df['volume'].rolling('60min').std()   ←── 滚动60分钟成交量标准差
price_df.dropna(inplace=True)

price_df['feature__rolling_close_mean_60'].plot(
    figsize=(20, 10), title='Rolling 60min Close')
plt.xlabel('Time')
plt.ylabel('Price')
```

在图 7-8 中，可看到呈现滚动 60 分钟平均收盘价格的图表结果。常见的做法是绘制时间序列变量的滚动平均值，而非原始数值。因为滚动平均值倾向于生成更平滑的图形，更容易被大众理解。

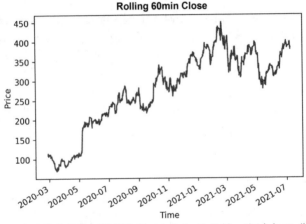

图 7-8　滚动收盘价特征采用的窗口大小为 60 分钟，取过去 60 分钟的
平均值作为特征

练习 7-1　计算滚动 2.5 小时的平均收盘价格，并在整个训练集上绘制该值。

扩展窗口特征

与滚动窗口特征相似，扩展窗口特征利用过去的窗口来计算当前时间戳的统计量。主要区别在于，滚动窗口特征使用过去的固定大小窗口并随时间戳移动，而扩展窗口特征则从固定的起始点开始

使用一个不断增大的窗口。由于窗口的扩展性，它能保留更长期的
趋势。图 7-9 展示了如何选择窗口的可视化效果。

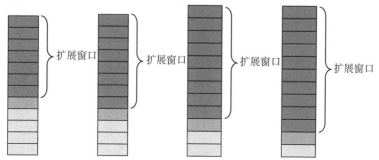

图 7-9　扩展窗口特征利用扩展窗口中先前行的数值。使用过去的所有数值(即
　　　　最深色阴影行)来计算扩展窗口特征

在代码清单 7-7 中，将创建两个扩展窗口特征：
- 扩展窗口平均收盘价特征
- 扩展窗口平均成交量特征

代码清单 7-7　创建扩展窗口特征

```
price_df['feature__expanding_close_mean'] = \
price_df['close'].expanding(200).mean()
price_df['feature__expanding_volume_mean'] = \
price_df['volume'].expanding(200).mean()

price_df.dropna(inplace=True)

price_df['feature__expanding_close_mean'].plot(
    figsize=(20, 10), title='Expanding Window Close')

plt.xlabel('Time')
plt.ylabel('Price')
price_df['feature__expanding_volume_mean'].plot(
    figsize=(20, 10), title='Expanding Window Volume')

plt.xlabel('Time')
plt.ylabel('Shares')
```

绘制扩展
窗口特征

图 7-10 展示了这两个扩展窗口特征的图表。顶部图表呈现了收盘价的扩展平均值，而底部图表显示了成交量的扩展平均值。通过同时包括滚动窗口特征和扩展窗口特征，我们期望流程能够捕捉短期趋势(通过滚动窗口特征)和长期趋势(通过扩展窗口特征)。

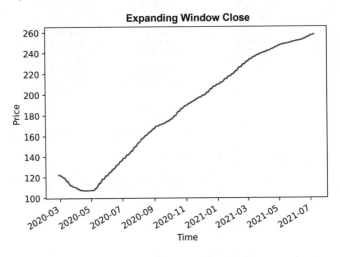

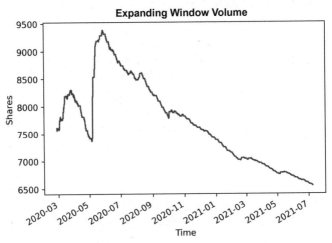

图 7-10　两个新的扩展窗口特征，一个用于收盘价(顶部)，另一个用于成交量(底部)

创建基准模型

现在，已经构建了一些特征；我们将花一些时间根据日期/时间、滞后、滚动窗口和扩展窗口特征创建基准模型(见代码清单 7-8)。此刻，流程应该显得比较合理。我们将在时间序列数据上进行 RandomForest 模型的网格搜索，并使用 StandardScaler 对数据进行标准化，因为数据显然处于不同的尺度上。怎么知道数据处于不同的尺度上呢？首先，我们使用了 close 和 volume 构建特征，volume 通常在数千的数量级，而 close 在数百的数量级。

代码清单 7-8　设置基准模型的参数

```
from sklearn.pipeline import Pipeline          ◄──────────┐  导入 scikit-learn
from sklearn.ensemble import RandomForestClassifier       │  的 Pipeline 对象
from sklearn.preprocessing import StandardScaler

clf = RandomForestClassifier(random_state=0)

ml_pipeline = Pipeline([    ◄────  创建一个包含特征缩放
    ('scale', StandardScaler()),      和分类器的 Pipeline
    ('classifier', clf)
])
                      创建基础的网格搜索参数
params = {    ◄─────
    'classifier__criterion': ['gini', 'entropy'],
    'classifier__min_samples_split': [2, 3, 5],

    'classifier__max_depth': [10, None],
    'classifier__max_features': [None, 'auto']
}
```

设置好基准 Pipeline 后，现在是时候执行一些交叉验证的网格搜索了。但在此之前，必须处理时间序列数据的另一个奇特之处：当数据点与时间关联时，普通的交叉验证并不十分合理。让我来解释一下。

时间序列 CV(交叉验证)划分

传统的交叉验证涉及对数据进行随机划分，以创建多个训练/测试子集，从而能够综合提高模型性能。然而，在处理时间序列数据时，我们希望略微调整这种思考方式。与其随机划分为训练集和测试集，我们希望确保训练集只包含测试集之前的数据。通过模拟现实世界中的训练方式，使得机器学习流程的性能指标更加可信。我们永远不会期望模型在未来的数据上进行训练，以预测过去的值！因此，下面列出为时间序列 CV 划分数据的方法：

(1) 选择拆分数量，比如选择 $n = 5$。

(2) 将数据分成 $n + 1$(在本例中为 6)等份。

(3) 在第一轮迭代中，将第一个拆分作为训练集，将第二个拆分作为测试集。注意，并未对数据进行洗牌，因此可确保第二个拆分只包含第一个拆分之后的数据。

(4) 在第二轮迭代中，将使用前两个拆分作为训练数据，将第三个拆分作为测试集。

(5) 持续进行下去，直至将五个迭代的数据用于训练。

下面实例化一个来自 scikit-learn 的 TimeSeriesSplit 对象。

代码清单 7-9　实例化时间序列 CV 划分

```
from sklearn.model_selection import TimeSeriesSplit
tscv = TimeSeriesSplit(n_splits=2)
```

这个划分器将提供针对时间数据
进行优化的训练/测试划分

例如，在数据上创建五个拆分，并检查用于训练集和测试集的时间范围。这可在代码清单 7-10 和生成的图 7-11 中看到。

代码清单 7-10　时间序列 CV 划分示例

```
for i, (train_index, test_index) in enumerate(tscv.split(price_df)):
    train_times, test_times = \
    price_df.iloc[train_index].index, \
```

```
price_df.iloc[test_index].index

print(f'Iteration {i}\n-------------')

print(f'''Training between {train_times.min().date()}
and {train_times.max().date()}.
Testing between {test_times.min().date()} and {test_times.
max().date()}\n'''
    )

Iteration 0
-------------
Training between 2020-01-09 and 2020-07-01.
Testing between 2020-07-01 and 2020-12-22

Iteration 1
-------------
Training between 2020-01-09 and 2020-12-22.
Testing between 2020-12-22 and 2021-07-08
```

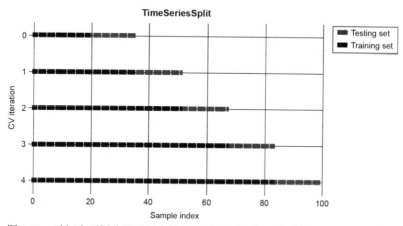

图 7-11   时间序列划分器对五个拆分进行了可视化。顶部的第一个拆分使用灰
色表示测试索引，黑色表示训练索引。第二个拆分将第一个拆分的测
试索引转换为训练索引，并使用下一个日期范围作为测试索引

我们已经了解了在交叉验证期间如何将数据分为训练集和测试集，让我们创建一个辅助函数，该函数将接收价格 DataFrame 并执行以下操作。

(1) 通过仅筛选出整点(上午 8 点、上午 9 点等)的行，创建一个较小的 DataFrame。

(2) 将截至 2021 年 5 月的数据用作训练数据，而从 2021 年 6 月 1 日起的数据用作验证(测试)集。这意味着将在训练集上(截至 2021 年 5 月)运行网格搜索，并在验证集上(2021 年 6 月和 7 月)评估模型的性能。

在图 7-12 中，可以看到将如何把数据分割为训练集和验证集。

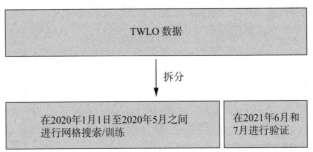

图 7-12　将整体数据分成训练集和验证集。将在 2021 年 5 月及之前的数据上进行交叉验证，并在未见过的验证数据(2021 年 6 月和 7 月)上验证模型(生成指标)

代码清单 7-11 比较冗长，但让我们先一步一步地分解它。将创建一个 split_data 函数，它将：

(1) 接收价格 DataFrame。

(2) 仅保留日期时间对象的分钟值为 0 的数据点。这些是整点的数据。

(3) 将价格数据分割为一个截至 2021 年 5 月 31 日的训练集，以及从 2021 年 6 月 1 日开始的测试集。

代码清单 7-11　辅助函数，用于筛选和分割价格数据

```
def split_data(price_df):
    '''该函数接收价格 DataFrame，将其分为训练集和验证集，同时进行筛选，
只使用整点的行
    as well as filtering our rows to only use rows that are on
the hour
    '''
    downsized_price_df = price_df[(price_df
.index.minute == 0)]     ◄

    train_df, test_df = \
    downsized_price_df[:'2021-05-31'], \
    downsized_price_df['2021-06-01':]     ◄

    train_X, test_X = \
    train_df.filter(
        regex='feature'), test_df.filter
(regex='feature')     ◄

    train_y, test_y = \
    train_df['stock_price_rose'], \
    test_df['stock_price_rose']     ◄
    return train_df, test_df, train_X, train_y, test_X, test_y
```

将数据限制为仅在每小时的第 0 分钟进行交易。通常每天 6~7 次

将 DataFrame 分成训练集和验证集(2021 年 6 月 1 日之前和之后)

使用 pandas 的 filter 方法，根据我们添加的前缀 feature__ 来选择特征

分割目标变量

随着向 DataFrame 添加特征，这个辅助函数将避免我们一遍又一遍地重写一些代码来执行拆分。现在，最终运行第一个基准模型，使用日期特征、时间特征、滚动窗口特征、滞后特征和扩展窗口特征，如代码清单 7-12 所示。

注意　在本章中，拟合模型可能需要一些时间来运行。对于我在 2021 年购买的 MacBook Pro，其中一些代码段花费了一个多小时来完成网格搜索。

代码清单 7-12　运行第一个基准模型

```
train_df, test_df, train_X, train_y, test_X, test_y = split_data
(price_df)

print("Date-time/Lag/Window features + \
Random Forest\n===========================")
best_model, test_preds, test_probas = advanced_grid_search(
    train_X, train_y,
    test_X, test_y,
    ml_pipeline, params,
    cv=tscv, include_probas=True
)
```

下面看一下分类报告(图 7-13)，以了解模型的表现如何。

```
Date-time/Lag/Window/Rolling features + Random Forest
===========================
                 precision    recall   f1-score    support

        False        0.50      0.82       0.62         72
         True        0.41      0.13       0.20         69

     accuracy                             0.48        141
    macro avg        0.45      0.47       0.41        141
 weighted avg        0.45      0.48       0.41        141
```

图 7-13　基准模型的结果显示，准确率为 48%。这并不比随机猜测且获得 51% 的准确率更好

乍一看，输出并不那么令人惊艳，在验证数据上的准确率只有 48%，请记住，这包括了 2021 年 6 月和 7 月，让我们更深入地分析一下：

- 准确率是 48%，但空准确率是多少呢？可以通过运行以下代码来计算我们的验证空准确率：

```
test_y.value_counts(normalize=True)
False    0.510638
True     0.489362
```

我们观察到，如果猜测价格会下跌，将有 51% 的准确率。我们尚未超过空准确率。这并不理想。

- 准确率和召回率都有些波动。看跌的召回率(False 类别)高达 82%，而看涨的召回率(True 类别)仅为 13%。因此，让我们一同关注分类报告中的准确率和 $F1$ 得分。聚焦于这两个指标应该能够更全面地评估模型的表现。

准确率和 $F1$ 值在评估分类器性能时非常出色，但这里涉及的是股票价格数据！考虑一下如果按照模型的预测执行操作，我们可能获得多少利润，这一点也非常重要。因此，让我们创建另一个辅助函数，该函数将接收来自验证流程的结果，并执行以下操作：

- 计算根据模型在当天的首次预测而获得的累积收益。
- 通过以下方法拆分收益：
  - 所有预测。
  - 仅看涨的预测(股价将上涨)。
  - 仅看跌的预测(股价将下跌)。

我们将聚焦于所有预测的总收益，因为这是对模型累积收益最现实的估计。在以下代码清单中编写这个函数。

代码清单 7-13　绘制每天首次预测的收益

```
def plot_gains(df, response, predictions):
    '''对当天首次预测的行为进行模拟'''
    df['predictions'] = predictions
    df['movement_correct_multiplier'] = \
    (predictions == response).map({True: 1, False: -1})
    df['gain'] = df['movement_correct_multiplier'] * \
    df['pct_change_eod'].abs()


    bullish = df[predictions == True]
    bullish_gains = bullish.sort_index().groupby(
        bullish.index.date).head(1)['gain']
    bullish_gains.cumsum().plot(label='Bullish Only', legend=True)
    print(f'Percantage of time with profit for bullish only: \
```

```
{(bullish_gains.cumsum() > 0).mean():.3f}')
    print(f'Total Gains for bullish is {bullish_gains.sum():.3f}')

    bearish = df[predictions == False]
    bearish_gains = bearish.sort_index(
        ).groupby(bearish.index.date).head(1)['gain']
    bearish_gains.cumsum().plot(label='Bearish Only', legend=True)
    print(f'Percantage of time with profit for bearish only: \
{(bearish_gains.cumsum() > 0).mean():.3f}')
    print(f'Total Gains for bearish is {bearish_gains.sum():.3f}')

    gains = df.sort_index().groupby(df.index.date).head(1)['gain']
    gains.cumsum().plot(label='All Predictions', legend=True)
    print(f'Percentage of time with profit for all predictions:
    {(gains.cumsum() > 0).mean():.3f}')
    print(f'Total Gains for all predictions is {gains.sum():.3f}')

    plt.title('Gains')
    plt.xlabel('Time')
    plt.ylabel('Cumulative Gains')

plot_gains(test_df.copy(), test_y, test_preds)
```

　　plot_gains 函数将输出一些统计信息，以帮助解释模型的表现。前两个打印语句告诉我们,如果只在模型预测股价将上涨时听从它,我们将有多大可能实现盈利(资金比起始时更多)，以及听从看涨预测所获得的总收益。接下来的两个打印语句告诉我们，如果只在模型预测股价将下跌时听从它，将有多大可能实现盈利。最后两个打印语句提供了相同的信息，即听从所有预测(看涨和看跌)时的盈利情况:

- 仅听从看涨时的盈利次数比例: 0.077。
- 听从看涨时的总收益: 0.043。
- 仅听从看跌时的盈利次数比例: 0.500。
- 听从看跌时的总收益: 0.004。
- 听从所有预测的盈利次数比例: 0.308。

● 听从所有预测时的总收益：0.021。

研究结果(如图 7-14 所示)显示，如果每天都听从第一次预测，无论是看涨还是看跌(在有箭头指向的线上)，将累积 2.1%的收益，这意味着将亏损。情况并不理想。

在特征工程方面，我们取得了一些良好进展。从原始的 close/volume 列中创建了几个日期/时间特征，如星期几、扩展特征、滚动特征和滞后特征。虽然可花费整天时间构思更多的滚动和扩展特征，但最终，大多数日内交易员(这种情况下是领域专家)会告诉你，这还不够。为获得预测股价走势的机会，需要引入领域的一些特定特征。

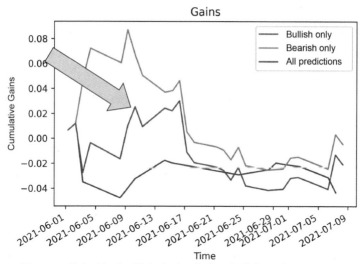

图 7-14　基本时间序列特征在验证集中没有带来盈利。这是可以理解的，因为甚至无法超过空准确率

7.2.4　领域特定特征

日期/时间特征是进行任何时间序列案例研究的理想起点，却面临一个重要问题：通常情况下，它们并没有足够的信号对未来的数值进行准确预测。在处理时间序列数据时，我们常需要引入

领域的一些特定特征，这些特征是从对数据具体用途的了解中衍生出来的。

在本例中，特定特征将来自对股票市场、金融和短线交易的了解。接下来将重点介绍一些被认为对短线交易产生一定影响的特征。

每日价格特征

第一组领域特征基于我们可以获得的收盘价格。这里的策略是对价格进行更大范围的统计计算：

(1) 股票市场对大多数人在一天内的特定时间段内开放，但价格确实会在这个窗口之外波动。我们将计算 overnight_change_close，即今天的开盘价与前一天的收盘价之间的百分比差异。

(2) 我们希望了解开盘价与先前开盘价的比较情况。将计算 monthly_pct_change_close 来表示今天的开盘价与上个月的开盘价之间的变化百分比。

(3) 通过一个名为 expanding_average_close 的特征来跟踪不断增长的平均开盘价，以潜在地提供关于当前价格与滚动开盘价的信号。

在代码清单 7-14 中创建这些特征。

代码清单 7-14   计算每日价格特征

取一天中的前 5 分钟和最后 5 分钟的平均值，得到开盘价和收盘价

建立一个 DataFrame，用于保存当天的统计信息

```
daily_features = pd.DataFrame()

daily_features['first_5_min_avg_close'] = price_df.groupby(
    price_df.index.date
)['close'].apply(lambda x: x.head().mean())
daily_features['last_5_min_avg_close'] = price_df.groupby(
    price_df.index.date
)['close'].apply(lambda x: x.tail().mean())
```

盘后涨跌幅度(从昨日收盘价
到今日开盘价的变化百分比)

```
daily_features['feature__overnight_change_close'] = \
    (daily_features['first_5_min_avg_close'] -
    daily_features['last_5_min_avg_close'].shift(1)) /
    daily_features['last_5_min_avg_close'].shift(1)
daily_features['feature__monthly_pct_change_close'] =
daily_features['first_5_min_avg_close'].pct_change(
    periods=31)
daily_features['feature__expanding_average_close'] =
daily_features['first_5_min_avg_close'].expanding(
    31).mean()
```

一个扩展窗口的平均开盘价函数(省
略前 31 个数据点以确保稳定性)

开盘价的滚动变化百分比
(窗口为 31 个数据点)

第一批特征聚焦于更小、短期的波动，而这些新特征则以更广泛的视角构建。与我们已经建立的特征结合，希望这些新特征能为模型提供更多信号。

但我们还没有结束！让我们来看看在短期交易中常用的一个金融指标：移动平均收敛/发散(MACD)。

MACD

MACD 是一种指标，突显了证券价格的两个滚动平均线之间的关系。为计算 MACD，我们需要计算 26 期的指数移动平均值，并从中减去 12 期的 EMA。最终将使用 MACD 线的 9 期 EMA 作为信号线。

指数移动平均(EMA)是一个指标，随着时间追踪某个值(在本例中是 TWLO 的价格)。EMA 相比简单滚动平均更注重最近的价格数据，而简单滚动平均则不对过去/未来的值赋予权重。可使用以下代码计算每日价格的 MACD。

代码清单 7-15　计算 MACD

```
def macd(ticker):    ◄──── 计算 MACD 的函数
    exp1 = ticker.ewm(span=12, adjust=False).mean()
    exp2 = ticker.ewm(span=26, adjust=False).mean()
    macd = exp1 - exp2
    return macd.ewm(span=9, adjust=False).mean()

                                        使用开盘价
                                        计算 MACD
daily_features['feature__macd'] =
macd(daily_features['first_5_min_avg_close']) ◄──

                      将日常特征合并到主要价格 DataFrame 中
price_df = price_df.merge(daily_features,
left_on=price_df.index.date, right_index=True) ◄──
price_df.dropna(inplace=True)
```

Twitter 洞察

在前一阶段的职业生涯中，我曾担任约翰·霍普金斯大学的讲师，而我的好友 Jim Liew 博士则致力于研究将社交媒体数据(特别是 Twitter)视为影响股票在某一天行为的第六因素(https://jpm.pm-research.com/content/43/3/102)。自那时以来，我在个人的日常交易中接受了这一理念，我认为在这里分享这个观点是相当有趣的。该研究专注于推文情感。在本案例研究中，将受到该团队的启发，利用社交媒体统计数据来协助预测股市趋势。然而，应该从何处获取 Twitter 的数据呢？

请放心! 多年来，我一直在监测涉及某些公司的推文，我很高兴与你分享这些数据(见代码清单 7-16)。具体而言，即将导入的 DataFrame 包含提及 Twilio 的每一条推文。这意味着每一条推文都应该包含 $TWLO 这个符号，表示该推文是关于 Twilio 的。

代码清单 7-16　导入 Twitter 数据

```
tweet_df = pd.read_csv(f"../data/twlo_tweets.csv", encoding=
'ISO-8859-1')

tweet_df.index = pd.to_datetime(tweet_df['date_tweeted'])
```

```
tweet_df.index = tweet_df.index.tz_convert('US/Pacific')
del tweet_df['date_tweeted']

tweet_df.sort_index(inplace=True)
tweet_df.dropna(inplace=True)

tweet_df.head()
```

该 DataFrame(见图 7-15)具有以下列。

- date_tweeted(日期时间)：推文发布的日期
- text(字符串)：推文的文本内容
- tweet_unique_id(字符串)：Twitter 分配的唯一 ID
- author_verified(布尔值)：作者在发布时是否已通过验证
- num_followers(数值型)：作者在发布时的粉丝数量

date_tweeted	text	tweet_unique_id	author_verified	num_followers
2019-12-01 00:31:34-08:00	RT @BrianFeroldi: Tech stocks I follow ranked ...	1.201056e+18	False	1557.0
2019-12-01 01:03:56-08:00	Benjamin Graham and the Power of Groth Stocks ...	1.201064e+18	False	1150.0
2019-12-01 01:25:16-08:00	RT @BrianFeroldi: Tech stocks I follow ranked ...	1.201070e+18	False	3887.0
2019-12-01 01:34:11-08:00	RT @BrianFeroldi: Tech stocks I follow ranked ...	1.201072e+18	False	881.0
2019-12-01 01:55:24-08:00	RT @BrianFeroldi: Tech stocks I follow ranked ...	1.201077e+18	False	6.0

图 7-15　提供包含 cashtag $TWLO 的 Twitter 数据，从中了解人们
　　　　对这只股票的看法

创建两个新特征(见代码清单 7-17)：

- 一个以 7 天为窗口的滚动推文总数统计
- 一个滚动的已验证推文数量统计

代码清单 7-17　滚动推文计数

```
rolling_7_day_total_tweets = tweet_df.resample(
    '1T')['tweet_unique_id'].count().rolling('7D').sum()
rolling_7_day_total_tweets.plot(title='Weekly Rolling Count
of Tweets')
    plt.xlabel('Time')
    plt.ylabel('Number of Tweets')
```

```
rolling_1_day_verified_count = tweet_df.resample(
    '1T')['author_verified'].sum().rolling('1D').sum()

rolling_1_day_verified_count.plot(
    title='Daily Rolling Count of Verified Tweets')
plt.xlabel('Time')
plt.ylabel('Number of Verified Tweets')
```

代码清单 7-18 将我们从 Twitter 数据中计算得到的统计信息与原始的价格 DataFrame 进行合并。为了实现这一步骤，将执行以下操作。

(1) 建立一个新的 DataFrame，包含我们希望整合的两个特征：滚动的 7 天推文计数和滚动的 1 天已验证推文计数。图 7-16 展示了这两个新特征随时间变化的趋势。

(2) 将新 DataFrame 的索引设置为日期时间(datetime)，以便进行合并。

(3) 使用 pandas 中的 merge 方法合并这两个 DataFrame。

代码清单 7-18　将 Twitter 统计数据合并到价格 DataFrame 中

```
twitter_stats = pd.DataFrame({
    'feature__rolling_7_day_total_tweets': rolling_7_day_total_tweets,
    'feature__rolling_1_day_verified_count': rolling_1_day_verified_count
})   ◀── 创建一个包含 Twitter 统计数据的 DataFrame

twitter_stats.index = pd.to_datetime(
    twitter_stats.index)
twitter_stats.index = twitter_stats.index.tz_convert(
    'US/Pacific')
                              标准化索引，使后续的
                              合并更加容易

price_df = price_df.merge(
    twitter_stats, left_index=True, right_index=True) ◀──

                              将 Twitter 统计数据合并到
                              价格 DataFrame 中
```

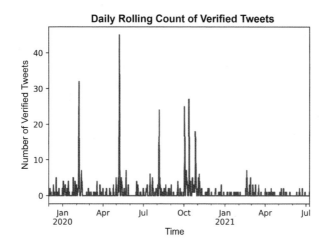

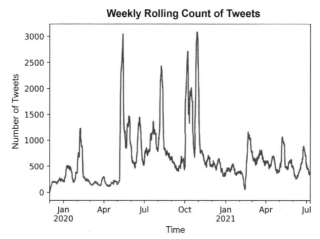

图 7-16　基于 Twitter 的两个特征将有助于模型理解 Twitter 社群对
　　　　 TWLO 的看法

现在已经有一系列新特征了。是时候看看这些新特征的表现了！

练习 7-2　再次运行流程之前，请计算响应变量与训练集中的
两个新的 Twitter 特征之间的皮尔逊相关系数。与其他特征的相关性
进行比较。你能从中洞察到什么？

再次运行模型

我们已经花了不少时间根据我们对股市的了解以及人们在推特上谈论股市的方式，创建了一些领域特定的特征。现在暂停一下，用新特征再次运行模型，看看在代码清单 7-19 中是否成功地为模型增加了新的信号。

代码清单 7-19　使用领域特定特征运行模型

```
train_df, test_df, train_X, train_y, test_X, test_y = split_
data(price_df)

print("Add Domain Features\n===========================")
best_model, test_preds, test_probas = advanced_grid_search(
    train_X, train_y,
    test_X, test_y,
    ml_pipeline, params,
    cv=tscv, include_probas=True
)
```

再次查看图 7-17 中的分类报告结果。

```
Add Domain Features
===========================
              precision    recall  f1-score   support

      False       0.53      0.92      0.67        72
       True       0.62      0.14      0.24        69

   accuracy                           0.54       141
  macro avg       0.58      0.53      0.45       141
weighted avg       0.58      0.54      0.46       141
```

图 7-17　添加像 MACD 和我们自己设计的 Twitter 特征这样的领域特定特征
后，准确率提高到 54%，这已经超过了基准准确率！

准确率和加权 $F1$ 分数分别从 48%提升至 54%，从 41%提升至 46%。这是一个显著的提升！现在，看看在这个验证数据上，如果遵循这个模型，表现会如何。可通过在测试数据上运行 plot_gains 函数来实现这一点：

```
plot_gains(test_df.copy(), test_y, test_preds)
```

在此之前的结果将展示模型改进了多少。我们将最关注"所有预测的总收益"这个数字，它代表了如果我们听从模型，可以看到的总收益量：

- 仅听从看涨时的盈利次数比例：0.375
- 听从看涨时的总收益：0.036
- 仅听从看跌时的盈利次数比例：1.000
- 听从看跌时的总收益：0.059
- 听从所有预测的盈利次数比例：1.000
- 听从所有预测的总收益：0.150

累积收益达到了15%！这无疑是模型性能的显著提升。接下来，让我们审视一下收益图表(图 7-18)，箭头所指的总收益线明显呈现出积极趋势！

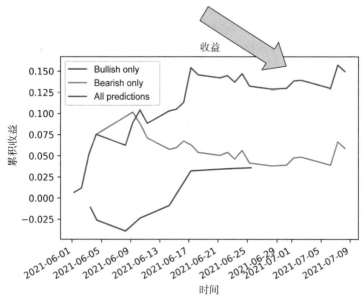

图 7-18 最新的模型结合了 MACD 和 Twitter 特征，显示出巨大的改进

已取得显著进展，但现在让我们退后一步，思考一下构建了多少特征。考虑到这些特征的数量，至少尝试几种特征选择技术将是明智之举。

7.3　特征选择

在第 3 章中，我们开始了特征选择的旅程，依靠 scikit-learn 的 SelectFromModel 模块，利用机器学习来选择特征。让我们重新审视这种方法，看能否从数据集中去除所有噪声，以进一步提升性能。

7.3.1　使用机器学习选择特征

SelectFromModel 是一个元转换器，它需要一个估计器对特征进行排序。任何低于给定阈值(通过将重要性与平均或中位数排名进行比较来表示)的特征都将被视为潜在的噪声而被消除。让我们使用 SelectFromModel 作为特征选择器，并尝试使用逻辑回归和另一个随机森林分类器作为估计器。

在特征选择过程中，关键参数是阈值。由估计器确定的重要性大于或等于该阈值的特征将被保留，而其他特征将被排除。可设定一个固定的阈值，也可设定一个动态阈值。例如，可将阈值设定为中位数，这样阈值将被设置为计算出的特征重要性的中位数。此外，可引入一个缩放因子来调整动态值。例如，可将阈值设定为平均特征重要性的一半，即 0.5 倍的平均值。在代码清单 7-20 中，将使用 SelectFromModel 对象尝试从数据集中移除噪声。

代码清单 7-20　使用 SelectFromModel 选择特征

```
from sklearn.feature_selection import SelectFromModel
from sklearn.linear_model import LogisticRegression

rf = RandomForestClassifier(
```

```
                n_estimators=20, max_depth=None, random_state=0)
lr = LogisticRegression(random_state=0)

ml_pipeline = Pipeline([
    ('scale', StandardScaler()),
    ('select_from_model', SelectFromModel(estimator=rf)),
    ('classifier', clf)
])

params.update({
    'select_from_model__threshold': [
        '0.5 * mean', 'mean', '0.5 * median', 'median'
    ],
        'select_from_model__estimator': [rf, lr]
})

print("Feature Selection (SFM) \n===========================")
best_model, test_preds, test_probas = advanced_grid_search(
    train_X, train_y,
    test_X, test_y,
    ml_pipeline, params,
    cv=tscv, include_probas=True
)
```

随机森林模型中的特征重要性将作为筛选特征的依据

使用动态阈值选项，设置一些不同的潜在阈值

最新的分类报告(图 7-19)显示出令人担忧的趋势。总体准确率降至 50% 以下。

```
Feature Selection (SFM)
===========================
                precision    recall  f1-score   support

      False         0.49      0.71      0.58        72
       True         0.43      0.23      0.30        69

   accuracy                             0.48       141
  macro avg         0.46      0.47      0.44       141
weighted avg        0.46      0.48      0.44       141
```

图 7-19　应用 SelectFromModel 特征选择算法后，结果显示性能下降至 48% 的准确率。这意味着算法试图排除的大多数特征实际上对模型是有用的

模型的表现明显恶化。准确率和加权 $F1$ 值都较上次运行下降。

也许可尝试另一种更加挑剔和审慎的特征选择器。

7.3.2 递归特征消除

递归特征消除(Recursive Feature Elimination，RFE)是一种备受欢迎的特征选择技术。与 SelectFromModel 相似，RFE 是另一种元特征选择技术，利用机器学习算法进行特征选择。与 SelectFromModel 不同的是，RFE 采用迭代方法，逐步移除一小部分列。该过程通常使用如下方式进行描述：

(1) 该估算器(在此案例中为随机森林)将特征拟合到响应变量。

(2) 该估算器计算出最不重要的特征，并在下一轮考虑中将它们移除。

(3) 该过程持续进行，直至达到所需选择的特征数量(默认情况下，scikit-learn 尝试选择一半的特征，但可通过网格搜索进行调整)。

代码清单 7-21 及其生成的图 7-20 展示了我们如何使用 RFE 尝试从特征中去除噪声。

代码清单 7-21　使用 RFE 限制特征

```
from sklearn.feature_selection import RFE

ml_pipeline = Pipeline([
    ('scale', StandardScaler()),
    ('rfe', RFE(estimator=rf)),
    ('classifier', clf)
])

params.update({
    'rfe__n_features_to_select': [0.6, 0.7, 0.8, 0.9],
    'rfe__estimator': [rf, lr]
})
print("Feature Selection (RFE) \n==========================")
best_model, test_preds, test_probas = advanced_grid_search(
    train_X, train_y,
```

```
    test_X, test_y,
    ml_pipeline, params,
    cv=tscv, include_probas=True
)
del params['rfe__n_features_to_select']
del params['rfe__estimator']
```

```
Feature Selection (RFE)
===========================
                precision    recall  f1-score   support

      False          0.45      0.58      0.51        72
       True          0.38      0.26      0.31        69

   accuracy                              0.43       141
  macro avg          0.41      0.42      0.41       141
weighted avg         0.41      0.43      0.41       141
```

图 7-20　递归特征消除的结果显示性能进一步降至43%。这是迄今为止表现最差的模型。但黎明前往往是最黑暗的时刻

```
plot_gains(test_df.copy(), test_y, test_preds)
```

结果展示了一幅不尽如人意的场景：

- 仅听从看涨时的盈利次数比例：0.000
- 听从看涨时的总收益：0.063
- 仅听从看跌时的盈利次数比例：0.381
- 听从看跌时的总收益：0.027
- 听从所有预测的盈利次数比例：0.077
- 听从所有预测的总收益：0.100

收益图(图 7-21)确认了模型在性能上出现了严重下降。

两个特征选择器从流程中移除了过多信号，严重损害了模型。这表明了两点：

- 构建的特征本身非常好。
- 特征集过小，噪声难以从信号中分辨出来。

让我们尝试一些新的方法，看看是否能够使这些特征选择器发挥作用，而不会因为特征集大小而感到困惑。让我们尝试从刚刚构

建的特征中提取一些全新的特征。

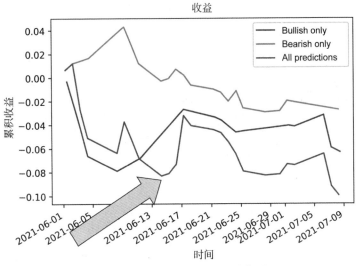

图 7-21　RFE 明显移除了太多信号

7.4　特征提取

在构建特征的过程中，目标是为机器学习模型提供尽可能多的信号，以便它能准确预测短线股价变动。分类器(在这个案例中是一个随机森林模型)的任务是使用所有可用的特征来预测响应，并且重要的是，它会同时使用多个特征进行预测。

在机器学习领域，特征之间的相互作用至关重要。目前拥有大约十二个特征，但如果希望将它们结合起来以构建更多、可能更有用的信号，又会怎样呢？例如，MACD 与滚动验证的推文数量相乘，是否可能比原始的两个特征中的任何一个都提供更强大的信号？固然可以手动尝试每一种组合，但 scikit-learn 中提供了一种自动化方法来协助我们。

7.4.1　多项式特征提取

scikit-learn 提供了一个名为 PolynomialFeatures 的模块，它可以自动生成原始特征之间的交互项。例如，假设特征只有：

- rolling_close_mean_60
- rolling_7_day_total_tweets
- morning

作为练习，针对三个原始列提取三阶或更低的多项式特征(使用 PolynomialFeatures(degree=3))。这意味着将包括所有可能特征的一阶、二阶和三阶交互作用(乘积)。例如，这将涵盖原始特征 morning 以及 morning 的三次方。特征的完整列表及顺序如下：

- 一个全部为 1 的特征(代表多项式中的常数偏置)
- rolling_close_mean_60
- rolling_7_day_total_tweets
- morning
- rolling_close_mean_60 ^ 2
- rolling_close_mean_60 × Rolling_7_day_total_tweets
- rolling_close_mean_60 × morning
- rolling_7_day_total_tweets ^ 2
- rolling_7_day_total_tweets × morning
- morning ^ 2
- rolling_close_mean_60 ^ 3
- rolling_close_mean_60 ^ 2 × rolling_7_day_total_tweets
- rolling_close_mean_60 ^ 2 × morning
- rolling_close_mean_60 × rolling_7_day_total_tweets ^ 2
- rolling_close_mean_60 × rolling_7_day_total_tweets × morning
- rolling_close_mean_60 × morning ^ 2
- rolling_7_day_total_tweets ^ 3
- rolling_7_day_total_tweets ^ 2 × morning
- rolling_7_day_total_tweets × morning ^ 2

- morning $\wedge$ 3

代码清单 7-22 包含了执行上述提取的代码示例。

代码清单 7-22　多项式特征提取示例

```
from sklearn.preprocessing import PolynomialFeatures

p = PolynomialFeatures(3)
small_poly_features = p.fit_transform(
    price_df[['feature__rolling_close_mean_60',
    'feature__rolling_7_day_total_tweets',
    'feature__morning']])

pd.DataFrame(small_poly_features, columns=p.get_feature_names())
```

结果 DataFrame(图 7-22)展示了创建的许多特征中的一小部分。

	1	x0	x1	x2	x0^2	x0 x1
0	1.0	108.297719	213.0	1.0	11728.396017	23067.414223
1	1.0	108.330916	213.0	1.0	11735.587280	23074.485028
2	1.0	108.358464	213.0	1.0	11741.556642	23080.352755
3	1.0	108.384685	213.0	1.0	11747.240006	23085.937968
4	1.0	108.405694	213.0	1.0	11751.794554	23090.412883
...	...	...	...	...	...	...
113257	1.0	384.732251	361.0	0.0	148018.905101	138888.342677
113258	1.0	384.714454	361.0	0.0	148005.211319	138881.917989
113259	1.0	384.690810	361.0	0.0	147987.019194	138873.382361
113260	1.0	384.676488	361.0	0.0	147976.000273	138868.212099
113261	1.0	384.656996	362.0	0.0	147961.004870	139245.832692

113262 rows × 20 columns

图 7-22　多项式特征提取能在原始构建的特征之间自动生成交互项，以此揭示隐藏在特征组合中的更多信号

现在，其中的许多特征可能包含大量噪声(如 morning 的平方)，因此，在代码清单 7-23 中，我们将构建一个最终的模型，该模型仅提取二阶特征(这将生成 152 个新特征)，并排除常数项(所有值为 1 的特征)，同时依靠 SelectFromModel 模块筛选出噪声。

代码清单 7-23　多项式特征+ SelectFromModel

```
from sklearn.preprocessing import PolynomialFeatures

ml_pipeline = Pipeline([
    ('poly', PolynomialFeatures(1, include_bias=False)),
    ('scale', StandardScaler()),
    ('select_from_model', SelectFromModel
(estimator=rf)),
    ('classifier', clf)
])
```

← 将 SelectFromModel 添加到 pipeline 对象中

```
params.update({
    'select_from_model__threshold': [
        '0.5 * mean', 'mean', '0.5 * median', 'median'],
    'select_from_model__estimator': [rf, lr],
    'poly__degree': [2],
})

print("Polynomial Features \n=========================")
best_model, test_preds, test_probas = advanced_grid_search(
    train_X, train_y,
    test_X, test_y,
    ml_pipeline, params,
    cv=tscv, include_probas=True
)
```

分类报告(图 7-23)显示了一个模型，其准确率与我们期望的水平相当，且具有迄今为止任何模型中最高的加权 $F1$ 分数。

```
Polynomial Features
=========================
                precision    recall   f1-score    support

       False        0.53       0.68       0.59         72
        True        0.52       0.36       0.43         69

    accuracy                              0.52        141
   macro avg        0.52       0.52       0.51        141
weighted avg        0.52       0.52       0.51        141
```

图 7-23　引入多项式特征并依赖于 SelectFromModel 特征选择器，使得准确率
　　　　回升至超越空准确率，尽管这并非我们见过最强的准确率。然而，这
　　　　种方法确实拥有所有模型中最高的加权 $F1$ 分数

现在，看看使用这个新模型的预估收益：

```
plot_gains(test_df.copy(), test_y, test_preds)
```

- 仅听从看涨时的盈利次数比例：0.737
- 听从看涨时的总收益：0.028
- 仅听从看跌时的盈利次数比例：1.000
- 听从看跌时的总收益：0.095
- 听从所有预测的盈利次数比例：1.000
- 听从所有预测的总收益：0.158

这非常出色！尽管收益的提升幅度不大，但模型性能显著提高。在最新的收益图(图 7-24)中，带箭头指向的线条再次代表了整体模型性能，这是通过累积收益来衡量的。

最终，成功提升了交易的表现！这归功于将特征提取技术与特征选择技术相结合的应用。现在，让我们回顾一下为完成这一复杂任务而构建的最终特征工程流程。图 7-25 展示了最新运行的流程，其中包含如何处理原始数据并与 Twitter 数据和 MACD 指标相结合。接着，展示了如何利用这些特征通过自动特征提取器进行处理，最后通过特征选择器过滤掉潜在的噪声。

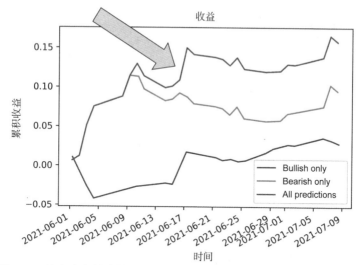

图 7-24　迄今为止最佳的流程提取了大量特征，并依赖 SelectFromModel
去除噪声

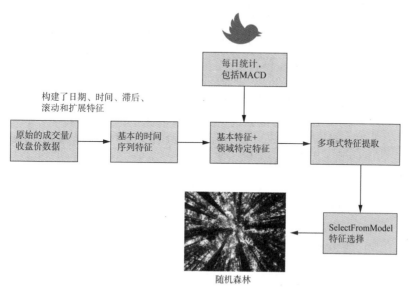

图 7-25　最佳流程被展现为一连串的步骤，首先构建最初的日期和时间特征，引
入来自 Twitter 的领域特征，此后应用特征提取和选择模块

7.5　结论

时间序列数据为数据科学家开辟了一个全新的领域。我们可以自主生成响应变量，亲手构建特征，并以更具创新性的方式解读结果！请参见表 7-1，了解我们在本章中的工作内容。

表 7-1　预测股价变动的多次尝试的概览

流程描述	准确率	加权 $F1$ 分数	验证集上的累积收益
日期/时间、滚动窗口、扩展窗口和滞后特征	48%	0.41	−2.1%
添加领域特征	**54%**	0.46	15%
所有特征 + SelectFromModel	48%	0.44	0.4%
所有特征 + RFE	43%	0.41	−10%
所有特征 + 多项式提取 + SFM	52%	**0.51**	**15.8%**

在处理时间序列数据集时，它可能是瞬息万变的。我们没有清晰的特征，通常也没有明确的响应变量。然而，可考虑五个关键因素：

- 响应变量将是什么？机器学习流程将尝试预测什么？通常情况下，这涉及尝试预测系统(如股票市场)未来的某个值。
- 如何利用扩展窗口和滞后特征等技术，从原始数据中构建基本的日期/时间特征？
- 可以构建哪些领域特定的特征？MACD 是特定于短线交易的特征的一个例子。
- 还可引入其他数据源吗？在该案例中，我们引入了 Twitter 数据来增强流程。
- 能否自动提取特征交互作用，并选择那些最能提升模型性能的特征？

在处理时间序列数据时，应将以上五个关键问题置于首位，如果能够对这五个问题都给出满意的答案，那么我们在处理时间序列数据时就更可能取得成功。

7.6　练习与答案

练习 7.1
计算滚动 2.5 小时的平均收盘价，并在整个训练集上绘制该值。
答案：

```
price_df['feature__rolling_close_mean_150'] =
➥ price_df['close'].rolling('150min').mean()
price_df['feature__rolling_close_mean_150'].plot(
    figsize=(20, 10), title='Rolling 150min Close')

plt.xlabel('Time')
plt.ylabel('Price')
```

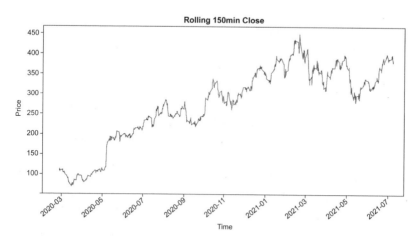

练习 7.2
再次运行流程之前，请计算响应变量与训练集中的两个新的 Twitter 特征之间的皮尔逊相关系数。与其他特征的相关性进行比较。你能从中洞察到什么？

答案：

如果运行以下代码，可得到响应变量和当前特征集之间的相关系数：

```
price_df.filter(
    regex='feature__'
).corrwith(
    price_df['stock_price_rose']
).sort_values()
```

feature__rolling_7_day_total_tweets	-0.030404
feature__dayofweek	-0.002365
feature__expanding_volume_mean	-0.000644
feature__monthly_pct_change_close	0.001672
feature__rolling_1_day_verified_count	0.005921
feature__rolling_volume_mean_60	0.007773
feature__rolling_volume_std_60	0.010038
feature__expanding_close_mean	0.024770
feature__expanding_average_close	0.024801
feature__morning	0.025106
feature__rolling_close_mean_60	0.030839
feature__lag_30_min_ago_price	0.030878
feature__lag_7_day_ago_price	0.031859
feature__macd	0.037216
feature__overnight_change_close	0.045098
feature__rolling_close_std_60	0.051801

滚动验证计数(feature__rolling_1_day_verified_count)与响应变量具有相当弱的相关系数，仅为 0.005，但滚动推文计数(feature__rolling_7_day_total_tweets)具有相当高的值，为0.03。这意味着这些特征——至少是滚动 7 天的推文计数——很可能为模型添加一些信号。

7.7　本章小结

- 时间序列数据使我们能够创造性地构建机器学习流程的特征和响应变量。
- 所有时序数据都可以构建日期、时间、滞后、滚动窗口和扩展窗口特征，以了解过去周期的信息。
- 与仅使用基本的时间序列特征相比，领域特定特征(如MACD 或社交媒体统计数据)往往能提高机器学习流程的性能。
- 特征选择未必能带来性能提升。
- 特征提取技术，如多项式特征提取，可能增加整体性能——但并非总是如此！
- 结合提取和选择技术可能是两全其美的方法；提取技术将提供潜在的新信号，而选择标准将有助于从流程中剔除噪声。

第 *8* 章

特征存储

本章主要内容：
- 发现 MLOps 对可扩展的数据科学和机器学习的重要性
- 学习特征存储如何帮助数据团队协作和存储数据
- 为短线交易设置特征存储
- 探讨特征存储功能如何帮助机器学习工程师和数据科学家

到目前为止，在这本书中，我们一直在独立工作，在 notebook 中独立运行代码，以测试不同的特征工程算法和技术，试图构建最佳的工作流程。在每个案例研究的最后，我们都对自己得到的结果感到满意。假设你正在做一个项目，且取得了一些进展。你想要知道，将你的机器学习流程和特征工程工作转化为生产就绪状态需要做些什么。同时，你希望有一个值得信赖的合作伙伴来帮助你继续工作，并且想知道如何尽力为他们提供支持，但你所拥有的只是一个看似能够解决问题的代码 notebook。

在推进项目的过程中，下一步需要考虑的是采用现代数据科学和工程实践，以便与新的团队成员进行协作，并确保数据在你的本地开发环境及 notebook 之外保持一致且易于使用。在本章中，将探讨现代 MLOps 的最佳实践，特别是如何部署并利用云端功能存储来存储、管理和分发数据。

8.1 MLOps 和特征存储

MLOps 一词建立在传统 DevOps 的系统级自动化和测试驱动开发原则之上。适当的 DevOps 旨在实现更可持续和可预测的软件，同时减少部署软件新版本所需的时间和压力。MLOps 将自动化和测试驱动开发的原则扩展到机器学习架构和流程，提供类似的工具和理念来测试和自动化这些架构和流程。MLOps 有许多方面，但一个成功的 MLOps 架构的几个主要组成部分如下所述。

- 数据摄取和聚合的数据摄取流程，可能涉及多个数据源：数据工程师可能需要从 MySQL 数据库中提取数据，并将其与来自 Apache Kafka 或 Amazon S3 的数据进行合并，以创建一个统一的表格数据集。在流程处理过程中，数据可能需要经过一些日志转换、缺失值填充，甚至通过特征选择改进算法的处理。

- 模型训练、测试和版本控制：一旦数据被摄取和转换，就可以使用这些数据来训练和测试机器学习模型。当使用新的数据和改进的参数配置更新模型时，可对模型进行版本控制，以便追踪哪些模型被用于做出哪些预测。这使得我们能够随着时间的推移和版本的更新来追踪模型的性能。

- 持续集成和部署流程的能力：持续集成和持续部署(CI/CD)是从 DevOps 借鉴的一个原则，关注不断评估和部署机器学习模型的新版本，以使用最新的数据。

特征存储是 MLOps 架构的重要组成部分。特征存储是一个专门为自动化机器学习模型的数据输入、跟踪和治理而设计的系统或平台。特征存储旨在通过代表数据科学家执行和自动化许多特征工程任务,简化数据科学工作流程。特征存储通过自动化特征工程任务,进一步提高了机器学习流程的精确性和大规模部署的效率。特征存储负责处理众多与特征工程相关的作业,并确保特征的正确性、时效性、版本管理和一致性。让我们深入了解实施特征存储的诸多好处。

8.1.1　使用特征存储的收益

尽管我们在本书中已经完成了大量工作,从 Python 的算法和技术转到特征存储上看起来可能并不那么吸引人。然而,当我们从研发的角度转向规模化、生产就绪的环境时,特征存储的优势会逐渐显现出来。总的来说,使用特征存储的好处包括以下几点:

- 为数据科学组织的成员提供一个集中的平台,以便他们能够使用、重用和理解各种特征。
- 减少特征工程中的重复性劳动和时间消耗。
- 提升机器学习流程的执行效率,并增强已部署机器学习模型的可信赖度。
- 使得工程化的特征能够跨多个机器学习流程进行共享和部署。
- 确保数据满足预期,并遵循合规性标准以及数据治理的最佳实践。

特征存储对于数据团队中的数据科学家、数据工程师和机器学习工程师来说极为有益,如图 8-1 所示。特征存储之所以具有价值,原因有很多:

- 对于数据工程师来说,特征存储提供了一个统一的平台,用于执行数据治理、维护安全指南,并在必要时建立权限体系,以控制对数据的访问。
- 对于机器学习工程师而言,可通过特征存储获取用于机器学习实验的整洁数据,并探索其他来源的新特征,以丰富他们正在开展的项目。

- 对于数据科学家来说，特征存储是一个集合了原始和整洁
  数据的服务中心。他们不仅可以在这里发现所需特征，而
  且经常需要利用历史原始数据执行关键性分析，而这些分
  析若没有这样一个高质量的数据源，恐怕难以完成。

数据科学家
精通Python、R和SQL

特征存储

数据工程师
熟练掌握SQL、Spark、
Flink和Python

机器学习工程师
熟练使用Kubernete、
云平台和Python

图 8-1　特征存储是机器学习和数据科学不可或缺的一部分。它使得数据科学
　　　　家、数据工程师和机器学习工程师能够访问到他们所需的数据，从而
　　　　最大限度地发挥他们的能力

让我们深入挖掘这些益处的几个细节，以确切了解特征存储如
何为数据团队带来收益。

单一特征源

特征存储的一个主要应用场景是为整个企业提供训练和部署模
型的统一数据源。数据和机器学习团队可以利用特征存储实时协
作，减少协作障碍。这就好比软件工程师依赖 Git 和 GitHub 来组织

和开发代码一样，数据的使用者也会使用特征存储来共同组织和处理数据集。这样做的目的是让团队有更多时间去提升他们所使用的特征和模型的质量，而不是将时间浪费在重新开发其他团队成员已经完成的特征上。

拥有单一的数据源还能激发团队间的创造力。能够浏览其他团队或个人工作的模型和特征可能会激发新项目的灵感，而且一旦项目启动，所有人都能确切知道在哪里找到所需数据！

假设你是在聊天机器人公司任职的数据科学家，某天你正在驾车前往海滩度假(这是我最喜欢的放松方式之一)，途中你突然灵感迸发，想到一个可能通过监测机器人对话中的新话题来提升聊天机器人性能的过程。这并非你当前负责的项目，但你深知，如果你能向团队展示你所构想的原型，你将有机会进一步探索这个想法。

要开发你的原型并进行进一步实验，你需要以下条件：

- 用户与机器人互动的数据，尤其是用户退出聊天的情况——这些数据存储在一个 Cassandra 数据库中，该数据库是由一位已离职的团队成员建立的，关于如何从该数据库中提取数据的文档资料十分匮乏。

- 机器人的历史聊天记录——关于对话的这些元数据存储在 PostgreSQL 数据库中，而实际聊天记录则存放在 S3 上。将它们合并起来并不复杂，但需要一些时间。

- 与机器人聊天的用户信息——这些数据存储在 PostgreSQL 数据库中。由于你具备 SQL 经验，获取这些数据应该不会太困难。

尽管你实际上掌握了解决方法来从这些源头获取数据，但在没有特征存储的情况下，这些方法可能会打断其他人的工作流程，或者查阅可能已经过时或根本不存在的文档(见图 8-2)。最好将来自这些不同源的数据汇集到一个中心位置，并且能够访问单一的文档和特征源。

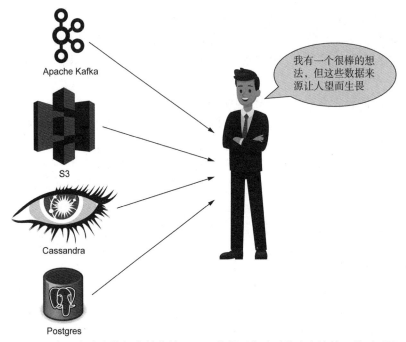

图 8-2 在没有建立特征存储的情况下，数据可能难以聚合和连接，这对于即兴的原型开发来说是一个障碍，可能导致团队成员仅仅因为获取数据过于困难而放弃探索新想法和令人兴奋的项目

实际上，确实存在这样的解决方案！通过特征存储，数据工程团队可以建立流程，将来自这些不同源的数据汇集到单一平台上，该组织中的任何人都可以查询这个平台，前提是他们拥有适当的权限级别。在相同的场景中，如果组织中已经建立了特征存储，你就不必担心理解四个不同的数据源以及如何查询、合并和加载每个数据源中的数据，如图 8-3 所示。

由于团队已经实施了特征存储，你不必花费大量时间从各个来源聚合数据。因此，你将更多时间投入到原型的开发中，并成功地取得了一些可靠的初步结果，可供向团队展示。目前，你正领导该项目，将原型推进至生产阶段。

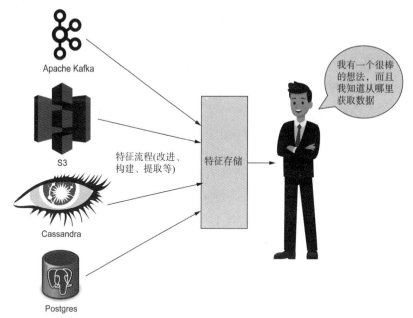

图 8-3　有了特征存储，数据组织中的任何人都可以轻松找到对他们正在进行的项目有用的特征

实时特征服务

想象一下，你正在浏览自己喜爱的社交媒体平台，突然间系统向你推荐了一个新的关注对象。你对这个人有所了解，于是你仔细检查，果然如你所料，你已经在关注他！身为一位永远具有好奇心的数据科学家，你停下来深思，"嗯，从技术角度看，算法并没有错，它确实预测到我会关注这个人，因为我已经在关注了。但如果它能在几天前就通知我，那我就能更早地采取行动了。"

遗憾的是，这是一个经典的特征工程困境。在训练阶段生成的特征构建了一个性能出色的模型，但在预测时，流程使用的特征可能已经变得陈旧。以社交媒体推荐引擎为例，引擎对于我的数据已经过时。该引擎未能意识到我已经关注了该账号，并提供了一个在技术上准确但已经过时的预测。

通过从特征存储中提供和读取实时特征，可对特征进行版本控制并仅提供基于最新原始数据构建的最新特征，从而有助于缓解这一问题(即时读取实时特征的能力使得模型生成的预测更可能仅依赖于最新特征)。

合规和治理

数据合规性对于几乎所有企业级特征存储都是一个基本要求。为遵循多个准则和法规，我们必须跟踪正在部署和使用的数据以及算法的来源。这在处理敏感数据的行业(如金融服务或医疗保健领域)尤为重要。特征存储可以跟踪数据和算法的来源，因此我们能够监控任何给定特征或特征值是如何计算的，并提供需要用于合规性监管的洞察力，甚至生成报告。

在生产系统中，遵循多种不同形式的合规性和最佳实践通常至关重要。其中一种最佳实践是跟踪预测的完整数据流，从机器学习模型到用于生成预测的特征。让我们深入了解维基百科这个非营利组织是如何运用 MLOps 和特征存储，为其用户提供最新的 ML 预测和推荐服务的。

8.1.2　维基百科、MLOps 和特征存储

图 8-4 展示了维基百科如何构建持续的机器学习和特征工程。该系统通过完全依赖其平台上的用户，不断提升其机器学习模型的质量。图中的 MLOps 框架始于左上角。

(1) 维基百科提取用户信息，例如在其网站上花费的时间以及单击的文章，并将这些信息存储在数据湖中(一个数据库)。

(2) 将这些用户数据转换为可用于其机器学习流程的特征(使用本书中介绍的技术)，并存储在特征存储中(本章的主题)。

(3) 然后，使用特征存储中的这些经过工程处理的特征，将其转换为 DataFrame，以训练模型，为用户提供阅读文章的推荐。

(4) 维基百科将新模型与旧版本进行对比，使用一组内部度量标准，然后决定是否要用新版本替换旧模型。

(5) 最后，维基百科部署新模型，并提供实时预测服务。

这一流程将根据数据团队的需求不断循环。图 8-4 展示了维基百科是如何持续构建机器学习和特征工程的。

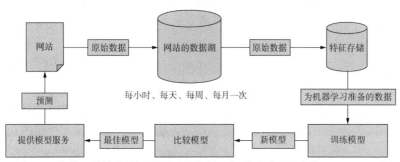

图 8-4　维基百科的路线图说明了他们的目标是通过更强大的 MLOps 吸引更多用户，准确地预测将生成新数据，用于更新模型

我目前在一家公司领导数据科学团队；我们遵循每日时间表，大约每 24 小时更新一次特征值。一些公司可能选择更缓慢的更新周期，可能是每周或每月一次，其中特征值的时效性可能并非至关重要。例如，房地产公司可能不会每天更新某地区房屋均价的数值，因为这些信息不太可能在一夜之间发生重大变化。

维基百科的大部分 MLOps 过程应该对我们来说并不陌生。该网站生成原始数据，并将其存储在某种数据存储中(在本书中，主要是 CSV 文件)。数据用于生成特征(本书的主题)，然后使用这些数据训练模型并比较特征工程技术。实际上，我们完全没有涉及这个流程的唯一部分，即模型服务。然而，这是有道理的，因为这与特征工程关系极小。这突显了几乎所有数据驱动的组织都需要将 MLOps 融入其工程基础设施中。如果你比较多个组织的 MLOps 结构，会发现它们的共同点远超过差异。

8.2　使用 Hopsworks 设置特征存储

现在搭建一个自己的特征存储。我们有许多平台可供选择，从 Uber 的 Michelangelo Palette 到 AWS SageMaker，再到像 Databricks 这样的一体化数据平台。然而，让我们选择一个开源的特征存储，为支持开源社区作出一份贡献！在本章中，将使用 Hopsworks 作为特征存储。

Hopsworks(hopsworks.ai)是一个开源平台，用于大规模开发机器学习流程。该平台具备支持机器学习模型以及进行版本控制的功能；连接到多种数据源，包括 AWS Sagemaker 和 Databricks；并提供 UI 界面以监控数据和用户权限级别。Hopsworks 是当前功能最丰富的开源平台之一，为企业级特征存储提供了强大支持。图 8-5 直接取自 Hopsworks 的官方网站，展示了在构建完整人工智能生命周期时提供的诸多功能。

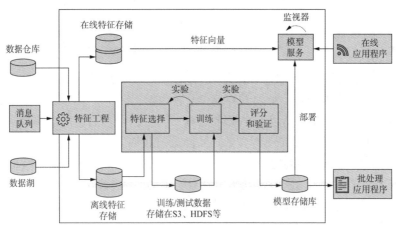

图 8-5　根据 Hopsworks 的文档(可在 docs.hopsworks.ai 找到)，Hopsworks 及其
　　　　特征存储是一个用于大规模开发和运营机器学习模型的开源平台。它
　　　　提供了多种服务，然而今天我们将聚焦于它的特征存储功能

我们将使用 Hopsworks 平台的 Feature Store，使用其用户界面和 API，即 Hopsworks Feature Store(简称 HSFS)API。该 API 以 DataFrame 作为主要数据对象，因此我们不必改变一直以来处理数据的方式来适应 Hopsworks。大多数现代特征存储的 API，包括 Databricks、AWS SageMaker 和 Feast 等，也使用某种类似 DataFrame 的对象。但现在，让我们直接开始连接 Hopsworks Feature Store 吧!

8.2.1 使用 HSFS API 连接到 Hopsworks

HSFS API 提供了 Python 和 Scala/Java 两种实现。我们将继续使用为人熟知且可靠的 Python 实现，使用 Python 的 API 包装器。

本章中的大多数代码片段可以直接在 PySpark 环境或常规的 Python 环境中执行。

要开始使用特征存储，你可以执行以下操作。

(1) 在 www.hopsworks.ai 注册一个免费账户，或在你自己的机器上安装开源的 Hopsworks(https://github.com/logicalclocks/hopsworks)。我选择了在 Hopsworks 上注册一个免费账户。

(2) 安装 HSFS 库: pip3 install hsfs。

截至撰写本书时，Hopsworks 提供了一个为期 14 天的免费演示账户，我选择在本章中使用它。如果你更愿意在 AWS 上设置自己的实例，可执行以下步骤:

(1) 在 hopsworks.ai 上注册一个账户。

(2) 在 Clusters 下，选择云服务提供商。我选择了 Connect your AWS Account(图 8-6)。

(3) 按照说明一步步地连接到云服务提供商。

(4) 让 Hopsworks 为特征存储配置资源!

一旦设置好准备使用的特征存储(无论是在本地安装还是在 hopsworks.ai 上设置托管版本)，就可以使用 API 包装器准备建立与特征存储的第一个连接，如代码清单 8-1 所示。

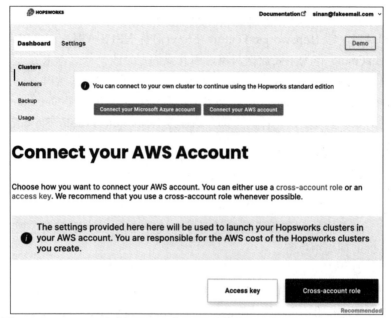

图 8-6　Hopsworks 通过与 Azure 或 AWS 连接来创建集群。如果选择 AWS 选
　　　项，可按连接 AWS 与 Hopsworks 的分步教程进行操作。首次设置约
　　　需 15～20 分钟

代码清单 8-1　使用 Python 连接到 Hopsworks

主机地址

导入一个新的模块以
连接到 Hopsworks

```
import hsfs
connection = hsfs.connection(
    host="uuid_if_you_use_hosted_version.cloud.hopsworks.ai",
    project="day_trading",
    api_key_value="XX123XX"
)
fs = connection.get_feature_store(name='day_trading_featurestore')
```

项目名。我的是 day_trading

API key

连接到特征存储

现在已经成功连接到特征存储。让我们看一下它的用户界面
(图 8-7)。

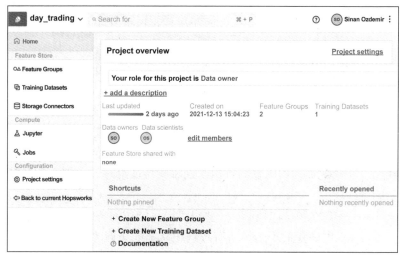

图 8-7　Hopsworks 特征存储的用户界面提供了一种可视化导航平台的方式。
请注意项目名称位于左上角

现在，已经连接到特征存储；是时候上传一些特征了！让我们
先来了解 Hopsworks 中的第一个概念：特征组。

8.2.2　特征组

完成为 ML 流程识别特征的繁重工作后，可创建一个特征流程，
将这些特征值存储在特征存储中。在编写特征时，我们希望将它们
组织成桶(bin)，以明确正在使用的特征类型。例如，在日内交易用
例中，具有从收盘价和交易量派生的特征，以及从 Twitter 获得的附
加特征集。可在 Hopsworks 中将这两组逻辑上分开，称为特征组。
特征组是一组可变的(即可编辑值)特征和特征值，它们在特征存储
中一起存储和检索。特征组提供了易于阅读和理解的名称和描述，
描述了组的特征，并且其他数据团队成员可轻松发现这些特征。

让我们考虑一个假设的视频流媒体服务，类似于 Netflix 或

YouTube。如果内部团队正在为视频创建一种新型的推荐引擎，并且正在设置一个特征存储，可能创建的一些特征组示例如下。

- 用户人口统计信息：一个包含有关网站用户的人口统计特征的特征组(如出生日期或位置)，以便基于用户偏好进行推荐。

- 推荐引擎特征：一个综合的特征组，包含正在开发的推荐引擎需要的所有相关特征。

- 视频元数据：一个包含有关视频的基本特征的特征组，包括视频长度、视频上传时间或视频上传位置。

特征组允许数据团队将特征归类到一起，但如何划分则取决于我们。在决定如何将哪些特征组织到哪些特征组时，通常会考虑以下因素：

- 所有权和访问控制。一些组可能只能访问特定类型的数据。
  - 也许我们不希望所有数据团队都能访问"用户人口统计信息"特征组，以保护用户数据隐私。

- 特定的 ML 流程/项目是否使用这些特征。
  - 在本例中，"推荐引擎特征"特征组可能是一个相当庞大的特征组；但如果团队有一些正在进行的项目，该特征组可能会被证明是有用的。特征组将为在不同项目中使用的特征之间快速切换提供一种简便方式。

- 特征之间是否存在特定的关系(包括特征的来源)，或是否描述系统中的同一对象或一组对象。
  - 视频元数据特征组中的所有特征都表示有关视频的基本信息，因此，将它们放在同一个特征组中是有道理的。

注意　通常不建议仅根据特定的机器学习流程需求来生成特征，因为这会削弱特征存储库最有用的特性之一，即跨项目重用特征组中的特征的能力。对于拥有大量并行活跃项目的大型数据组织来说，按流程/项目分组特征更具实用性。

在本例中，根据特征之间的关系将它们分开。将为 Twitter 特征创建一个特征组，另一个特征组用于存放其余特征。这是基于特征之间关系(即它们的来源)的逻辑分离。在创建特征组时，需要考虑两个主要选项。首先，必须考虑特征组的类型，即缓存或按需。缓存特征组从连接源(如 PostgreSQL、Cassandra 或 S3)获取数据，将值存储在 Hopsworks 上供检索。按需特征组不会将特征存储在 Hopsworks 上，而在用户调用它们时从连接源检索/计算特征。缓存特征组在检索特征值时更快，但需要定期或按顺序将数据从原始来源发送到 Hopsworks。

创建特征组时的第二个考虑因素仅在选择了缓存类型时才显得重要。如果有一个已缓存的特征组，可选择是否启用在线特征服务，这将在 Hopsworks 上建立一个辅助数据库，以提供获取给定实体的最新特征值的低延迟(即快速)方法。让我们以短线交易为例思考一下。如果为 TWLO 的 2020 年和 2021 年的所有值填充一个特征组，并选择一次性检索它们，那将是离线检索。如果启用在线服务，就能获取 TWLO 的最新值，从而进行实时预测。另一种选择是不启用在线服务，依赖默认启用的离线检索。离线特征组基本上就是云中的一个表格 DataFrame，我们可以随时访问。图 8-8 展示了在 Hopsworks 中创建新特征组以及所需参数字段的用户界面。

Create New Feature Group

Feature Group Name	Description optional
on-demand feature group	On-demand feature groups compute values from original sources and do not store values on Hopsworks

Mode
○ Cached feature group　● On-demand feature group

图 8-8　特征组可以选择以缓存形式创建(顶部)，这会直接将特征值存储在 Hopsworks 上；或者选择按需创建(底部)，即实时计算特征值，而不在 Hopsworks 上存储任何数值

图 8-9 展示了一个名为 twitter_features 的特征组，我们将在后续章节中详细介绍。这个特征组将被缓存，并可在线使用。要牢记，缓存表示将直接在 Hopsworks 上存储特征值，而在线则表示我们可

选择以非常低的延迟检索最新值。图 8-10 展示了如果我们决定采用按需特征组，并且数据存储在 Hopsworks 之外的其他地方，特征组会呈现出怎样的形态。

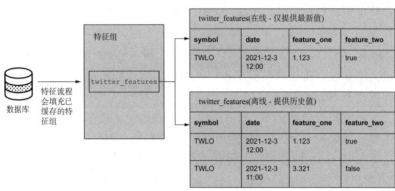

图 8-9　已缓存的特征组 twitter_features 可在在线和离线环境中使用。在线版本仅存储关于股票实体的最新信息，而在离线版本中，我们能够查阅所有 Twitter 特征的历史数值

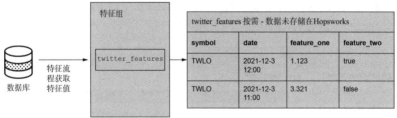

图 8-10　按需特征组 twitter_features 将在用户请求数据时从连接的数据库(如 MySQL 或 S3)获取数据，且不会在 Hopsworks 上存储任何数值

回顾一下，在创建特征组时的选项如下：

- 特征组的类型可以是缓存，这意味着它在 Hopsworks 上存储特征值；或者是按需，意味着它将实时计算特征值，利用与数据库(如 SQL)的连接。

- 如果选择缓存特征组，我们可选择在线检索值，这意味着该特征组可用于实时提供特征。而如果特征组是离线的，特征值的历史记录也将被保存，供测试或队列分析之用。

按需听起来很类似于在线，老实说，它们的定义可能容易混淆。请记住，按需特征组只是简单地传递实体，通过单个点启用来自多个来源的数据访问，而在线特征组则通过将最新特征值存储在 Hopsworks 上以加快检索速度。

回到我们的数据，并从上一章表现最佳的短线交易模型中导入特征。接着，确保日期列被适当地格式化为日期时间，因为这将成为我们关注的一个至关重要的列。具体步骤如代码清单 8-2 所示：

(1) 导入上一章中构建的包含特征的 CSV 文件。

(2) 向 DataFrame 添加一个名为 symbol 的新列，用于表示目前所在公司的名称；这样也可在以后添加新公司名称。尽管目前只有一个公司名称，但请将这一列视为一种区分我们最终将添加到特征组中的多个股票代码的方式。

(3) 使用 Python 的 datetime.strptime 函数，格式化日期列，将值从字符串转换为日期时间。

(4) 将 DataFrame 的索引设置为新的日期时间值，以便将日期时间本地化为太平洋时间(我的所在地)。

代码清单 8-2　导入短线交易案例研究的数据

```
import datetime
import pandas as pd

day_trading_features = pd.read_csv(
    '../data/fifteen_percent_gains_features.csv')
day_trading_features['symbol'] = 'TWLO'
```

从短线交易案例研究中读取其中一个表现最佳模型的特征集

添加一个名为 symbol 的特征，表示这些特征是与 TWLO 相关的

将索引设置为日期特征，并将其本
地化为美国/太平洋时区

使用 Python 的 datetime.strptime
函数，格式化日期时间

```
    day_trading_features['date'] = day_trading_features[
        'date'].apply(
            lambda x:datetime.datetime.strptime(
                x[:-6], '%Y-%m-%d %H:%M:%S')) ◄

    day_trading_features.set_index('date', inplace=True)

    day_trading_features = day_trading_features.tz_localize(
        'US/Pacific')

    day_trading_features['date'] = day_trading_features.index.astype(int)
```

准备好数据后，可以使用代码清单 8-3 中的代码创建一个特征组。将 Twitter 特征保存到第一个特征组中，使用特征存储中的 create_feature_group 方法。通常情况下，这项工作由公司内的数据工程师完成，更可能是作为更大特征流程的一部分完成的。由于可扮演多重角色，因此让我们扮演工程师角色，按照代码清单 8-3 上传一些数据。

为特征存储准备数据时，必须注意一些事项：

● 需要明确指定哪一列是主键，用于标识数据中的唯一实体。主键通常是我们正在跟踪特征值的对象的指示符。这可能是网站用户、正在监测的地点，或者希望追踪的股票价格代码等。

● 需要指定哪一列是事件时间列，这允许在特征组之间进行时间连接，并告诉特征存储哪些值比其他值更旧或更新。

在本例中，将使用 symbol 列作为主键，将 date 列作为事件时间列。代码清单 8-3 中的代码块将执行以下操作。

(1) 使用一些命名参数创建一个特征组，以标识特征并启用在线功能。

(2) 从 DataFrame 中仅选择与 Twitter 相关的特征以及 date 和 symbol 列。日期特征将被用作事件时间特征，告诉特征存储哪些特征值较早和较晚，而 symbol 列将充当主键。

代码清单 8-3　创建第一个特征组

表的主键标识了数据中的实体

```
twitter_fg = fs.create_feature_group(
    name="twitter_features",          ← 特征组的名称
    primary_key=["symbol"],
    event_time = "date",              ←          指示特征存储中
                                                  哪些数据点较新
    version=1,                        ←
    description="Twitter Features",            可对特征进行版本控
    online_enabled=True                        制，但本章不会涉及
) ←
                    启用在线特征组以便快速获取最新的特征值
特征组的简要描述
twitter_features = day_trading_features[
    ['symbol', 'date', 'feature__rolling_7_day_total_tweets',
    'feature__rolling_1_day_verified_count']]
twitter_fg.save(twitter_features)
                                        选择 Twitter 特征，并将
                                        它们保存到特征组
```

　　运行此代码后，它应该生成一个 URL，用于监控通过 Hopsworks 上的一个任务执行的数据上传(见图 8-11)。一旦上传完成，将按相同的步骤创建第二个特征组，其中包括除了两个 Twitter 特征之外的每一列(见代码清单 8-4)。

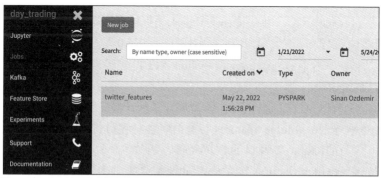

图 8-11　Hopsworks 有一个 Jobs 选项卡，用于显示活动的任务。在本图中，我们正在查看上传数据的任务

代码清单 8-4　创建第二个特征组

表的主键用于识别数据中的实体

```
price_volume_fg = fs.create_feature_group(
    name="price_volume_features",          ←── 特征组的名称
    primary_key=["symbol"],
    event_time = "date",          ←── event_time 告诉特征存储哪些数据点较新
    version=1,
    description="Price and Volume Features",
    online_enabled=True
)


price_volume_fg.save(
    day_trading_features.drop(
        ['feature__rolling_7_day_total_tweets',
        'feature__rolling_1_day_verified_count'], axis=1))
twitter_fg.save(twitter_features)
```

特征组的
简要描述

可对特征进行版本
控制，但本章中不
会涉及

选择非 Twitter 特征，并将
它们保存到特征组中

启用在线特征组以便快速
获取最新的特征值

　　还可通过在 Hopsworks 界面中导航到特征组，查看其中的特征，如图 8-12 所示。

　　在前几节中，我们完成了大量工作，让我们简单回顾一下所取得的成就：

　　(1) 创建了一个 Hopsworks 实例，或直接使用为我们提供的演示实例。

　　(2) 安装了 Hopsworks 的 Python API 封装器，以便能通过代码访问特征存储。

　　(3) 在短线交易案例研究中，创建了两个特征组。

● price_volume_features 特征组包含与收盘价和成交量列相关的特征，以及日期/时间特征。

● twitter_features 包含从 Twitter 数据集中构建的特征。

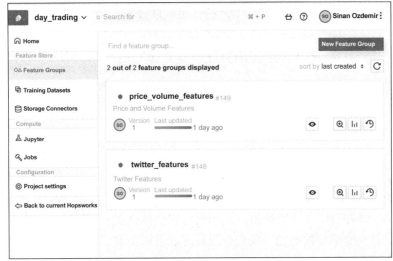

图 8-12　两个特征组按照创建方式在逻辑上进行划分。一个包含与价格、交易
　　　　　量和日期时间相关的特征，另一个包含与 Twitter 相关的特征。每个
　　　　　特征组都共享 symbol 和 date 特征，以便执行连接操作

现在，特征组已经创建完成，且两个特征组均已填充了实际数据。接下来将以数据科学家的身份，从这些特征组中读取数据，并将其导入 notebook 中供分析使用。

8.2.3　使用特征组来选择数据

两个特征组在特征存储中包含一些数据。可通过调用特征组的 read 方法来查看数据。

代码清单 8-5 中的代码将执行以下操作：

(1) 获取 Twitter 特征组(现在可随时执行)。

(2) 使用特征组实例的 read 方法，将数据读取到一个 pandas DataFrame 中。

(3) 检查数据。

代码清单 8-5　从 Twitter 特征组读取数据

```
twitter_fg = fs.get_feature_group(
    name="twitter_features", version='1')

data_from_fs_twitter = twitter_fg.read()

data_from_fs_twitter.head()
```

从特征存储中提取数据，并转换为一个 pandas DataFrame

你可能注意到 Hopsworks 在列上添加了前缀，以表示它属于特征组的一部分。通常，这只在将数据作为 pandas DataFrame 读取时执行。

现在有了两个特征组，但如何将它们结合在一起进行工作呢？这是一个很好的问题，我们有两种方法可以实现。可简单地将它们合并在一起，如代码清单 8-6 所示。

代码清单 8-6　将两个特征组合并在一起

```
query = twitter_fg.select_all().join(
    price_volume_fg.select_all(), on=['date', 'symbol'])  ◀

query.show(2)   ◀── 展示合并后的数据
```

将两个特征组合并，以重构原始数据

这将以 pandas DataFrame 的形式返回原始数据集(见图 8-13)。

	right_fg0.symbol	right_fg0.date	right_fg0.feature__rolling_7_day_total_tweets
0	TWLO	1582815600000000000	213.0
1	TWLO	1582819200000000000	216.0

图 8-13　将两个特征组合并在一起会得到一个 DataFrame，就像我们最初使用的 CSV 一样

Hopsworks 还提供了关于特征组的基本描述性统计信息，如图 8-14 所示。大部分情况下，这些统计信息并不比我们在本书中使用 Python 所得到的信息更丰富；但对于那些不太擅长使用 Python 的人来说，这些统计信息可能非常有用。当在线特征被启用，数据存储

在特征存储中时,我们还可通过在读取数据时设置一个简单的在线标志,来获取最新特征,如代码清单 8-7 所示。

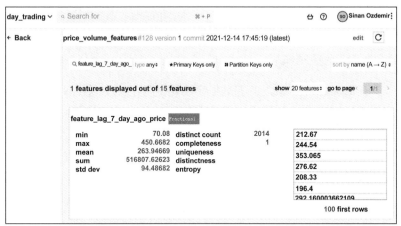

图 8-14 Hopsworks 提供了一些关于特征的基本统计信息,但通常这些信息是我们自己也能得到的,没有什么特别之处

代码清单 8-7 获得在线特征

```
price_volume_fg = fs.get_feature_group(
    name="price volume features", version='1')

price_volume_fg.read(online=True)        ←—— 只获取最新的数据点
```

这段代码提供了一种低延迟(毫秒级)的方式,用于获取给定实体(在本例中是 TWLO)的最新特征,以支持实时预测。现在我们已经设置了主要数据对象——特征组,让我们将注意力转向如何利用特征组创建训练数据集,并调查数据谱系或溯源。

8.3 在 Hopsworks 中创建训练数据

特征目前分别存储在两个互斥的特征组中。设想有新的团队成员加入，我们需要向他们展示如何获取数据以开始实验。Hopsworks 和其他特征组将提供帮助，以加速和简化这个过程，这样我们就可以回到机器学习和特征工程的重要工作中。让我们开始通过合并特征组来创建一个可重现的训练数据集。

8.3.1 训练数据集

在 Hopsworks 中，训练数据集功能提供了一个易于使用的集中位置，以创建和维护用于训练机器学习模型的训练数据集。让我们使用图形界面，从已经创建的两个特征组中轻松创建一个新的训练数据集。这样做的一个常见用例是：你的数据团队中有多个人，而你希望共享一个公共的训练集，以便在分配工作后比较结果。每个人都将拥有相同的训练集和测试集，这样你就能够公平比较每个人的工作。

下面开始创建我们自己的训练数据集。在 Hopsworks 上单击 Create New Training Dataset，我们将看到如图 8-15 所示的界面。

图 8-15　单击 Create New Training Dataset 允许将特征组合并在一起，
创建一个统一的数据集

一旦进入创建新训练数据集的页面，就会看到一些选项。首先是数据源。数据集需要知道我们想要包含哪些特征。幸运的是，它提供了一个方便的图形界面(图 8-16)，可将特征放入选择列表中。让我们继续选择两个特征组以及它们内部的所有特征。

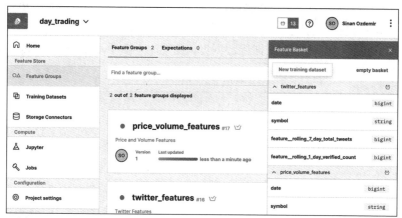

图 8-16　Hopsworks 提供了一个巧妙的图形界面，用于选择训练数据集的
特征组和特征

选择了训练数据集的特征组和特征后，需要定义连接操作。
这告诉 Hopsworks 如何基于它们共享的键将两个特征组合并在一
起。对于我们的例子，将根据图 8-17 中所示的 symbol 和 date 进行
连接。

Feature group joins		
twitter_features ↔ price_volume_features		
twitter_features	inner joins	price_volume_features
date	↔	date
symbol	↔	symbol
Add join key		

图 8-17　可定义特征连接，以便训练数据集知道如何合并特征组从而
得到一个统一的数据集

既然已经选择了特征组并告诉 Hopsworks 如何将它们组合在一
起，我们最后要做的是定义数据拆分。可设置数据的拆分，以确保
它们在整个组织中保持一致。如果有 50 人决定要使用这个训练数据

集，每个人将使用与其他所有人相同的拆分，以便公平地比较结果。

将设置一个包含 80%数据的训练拆分，以及一个包含剩余 20%数据的测试拆分。图 8-18 展示了在 Hopsworks 图形界面中的具体情况。让我们创建第一个训练数据集，并使用一些 Python 代码将其下载并查看(代码清单 8-8)。

Splits

Name	Proportion (percent)
training	80
testing	20
Add a split	

图 8-18　在训练数据集中设置拆分可确保组织内进行模型训练时有一致且公正的比较

代码清单 8-8　从 Hopsworks 读取训练和测试数据集

```
td = fs.get_training_dataset('training_data', version=1)

training_df = td.read(split='training')   读取并打印训练
print(training_df.shape)                  集的形状

(1555, 18)

testing_df = td.read(split='testing')     读取并打印测试
print(testing_df.shape)                   集的形状
(403, 18)
```

从 Hopsworks 中选择
训练数据集

练习 8-1　创建一个新的训练数据集，只使用两个特征组中的两个特征。可选择你喜欢的任意两个特征。

这个数据集已经被预先拆分，已经包含特征组中的所有特征。任何使用这个数据集的人现在都可以确保他们使用与其他人相同的数据(图 8-19)。这仅是特征存储提供的诸多功能之一，为所有数据团队成员提供了数据的稳定性和可访问性。

图 8-19 训练数据集提供一个易于分发的训练数据集，这样可确保每个人都拥有相同的数据，使得比较工作变得更加容易。训练数据集还用于训练和评估模型

　　或许可通过 Python 手动执行这些连接和拆分，这是正确的。然而，如果我们决定为一个团队(例如有 6 个人)手动完成这些操作，将不得不为训练和测试数据创建 CSV 文件并将其分发，这可能非常麻烦。如果数据集发生变化，需要添加更多数据怎么办？我们必须重新进行连接、重新拆分和重新分发数据，并确保每个人都使用相同版本的数据集。这听起来确实很麻烦。特征存储为我们提供了一个更简单的方法来处理这一切，并确保数据团队始终使用最新版本的数据集。既然已经设置好一个训练数据集，让我们来看看 Hopsworks 提供的另一个功能：自动追踪数据的来源，进行数据溯源。

8.3.2　数据溯源

有必要了解数据集数值是如何被填充的，更重要的是，这些数据值来自何处；当我们从多个数据源构建数据集时(正如我们在短线交易示例中所做的那样)尤其如此。我们有 Twitter 数据集派生的数值，还有股票价格的历史收盘价和成交量派生的数值。

了解和获取数据的溯源(即数据值的清晰来源)通常是 SOC2 或 HIPAA 等法规的安全要求。如果我们知道数据值的出处，就能追踪具有潜在问题的数据点或数据源。

训练数据集可用于追踪模型的来源，回溯到用于训练模型的特征。正如我们在第 4 章中所见，模型容易受到偏见的影响，而更常见的情况是数据(而非模型)导致了偏见。溯源提供了一个迅速了解数据集生成方式的快照，为用户提供了一种从模型回溯到原始数据的方式，加速了在流程中减轻偏见的过程。

图 8-20 突显了训练数据的简单溯源，显示它是两个特征组——price_volume_features 和 twitter_features 的组合。在更复杂的情况下，当创建训练数据集时，你很可能看到这个树在宽度和深度上不断扩展，因为在创建训练数据集时，可能形成更深层次的数据依赖关系。

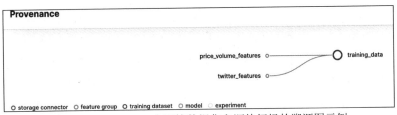

图 8-20　Hopsworks 中训练数据集和源特征组的溯源图示例

训练数据集的溯源是特征存储的另一项功能，可使数据团队或组织受益。不同的特征存储中有许多功能，如溯源和创建云端训练数据集的能力。即使有了特征存储，我们为短线交易应用程序发现特征的工作也只是刚刚开始。有了特征存储，现在可与团队共享数据，并使他们基于共享数据平台创建自己的模型。在深入进行特征工程的过程中，随着数据团队的发展，你将认识到实施特征存储所带来的益处，并考虑是否在你的项目中应用这一技术。

8.4 练习与答案

练习 8.1

创建一个新的训练数据集，只使用两个特征组中的两个特征。可选择你喜欢的任意两个特征。

答案：

答案因人而异，可选择任何你想要使用的特征！只要你按第 8.3.1 节中概述的步骤创建了一个训练数据集，其中包含四个总特征——两个来自 price_volume_features，两个来自 twitter_features，你就顺利完成了！

8.5 本章小结

- 特征存储在分散的数据源(如应用数据和数据库)之间提供了关键的缺失坏节，并在数据团队之间确保了可用性。
- 特征旨在被数据科学家发现和重用。
- 实时特征服务使模型能以较低的延迟使用最新特征值。
- 特征存储生成一致的、可靠的训练数据，可在整个数据团队之间共享，以确保一致性和稳定性。
- 特征存储提供了溯源信息。
- 有许多特征存储选项可供选择，其中一些是开源的，而另一些需要购买。选择适合你组织的正确选项！

第 *9* 章

汇　总

本章主要内容：
- 特征工程流程回顾
- 特征工程的五个类别
- 关于特征工程的常见问题
- 特征工程的其他不常见应用

来到本书的最后一章。我们共同经历了很多，从试图区分 COVID-19 和流感，到尝试预测股市，甚至还有很多其他方面。在每个案例研究中，我们学到了操纵数据的方法，以明确的目的来最大化机器学习指标，减少数据中的偏见，并简化我们对数据的理解。本章旨在以简单的方式总结前面讨论的一切，为你提供使用特征工程增强机器学习流程的信心和能力。

9.1　重新审视特征工程流程

我们致力于精心设计各类数据和使用场景的特征工程。如果重新审视一下第 1 章中介绍的特征工程流程，就能看到总体目标：将数据转化为向机器学习流程提供信号的特征。

在本书中，我们主要将特征工程视为增强预测性机器学习流程的一种手段，然而，这并非特征工程的唯一用途。还可借助这些技术来实现以下目标：

- 清理数据以用于商业智能仪表板和分析。
- 执行无监督机器学习，如主题建模和聚类。

特征工程技术并不仅限于传统的机器学习用例。本书主要侧重于特征工程在预测性机器学习用例中的应用。让我们从共同学到的一些要点中汲取精髓。

9.2　主要收获

本书的结构设计使得你在案例研究对你不太有帮助时，可以跳过几章。这是可以接受的！下面总结了一些要点：

- 特征工程与机器学习模型选择以及超参数调整同样至关重要。我们显著提升了机器学习流程的性能，但从未涉及机器学习模型本身；我们所有的收益都应归功于特征工程。
- 务必始终具备一种可量化的方式，以明确特征是有益还是有害的。通常，这涉及在特征上对模型进行训练和测试，并测量性能的变化。务必先将数据分成训练集和测试集！
- 如果你发现你原本认为会有帮助的某些技术实际上影响了流程性能，不必担心。有时，特征工程是一门艺术，需要通过实践和耐心来确定哪些技术效果最佳。
- 特征工程并非一劳永逸的解决方案。仅因为我们在一个数据集中使用某种技术看到了收益，并不意味着这种技术在另一个数据集中会产生类似的效果。每个数据集及其所属领域都是独特的，需要在分析中保持勤奋和严谨的态度。

图 9-1 概述了我们在机器学习中一直使用的训练/测试划分范式。

你可能听说过这个术语的稍微不同的格式,即训练/测试/验证划分,它多了一个第三划分。我们选择采用更简单的训练/测试划分,这是因为我们的训练集通过交叉验证多次划分,而测试集在特征工程流程中一直保持不变。让我们深入探讨本书的两个主要观点,以巩固主要概念。

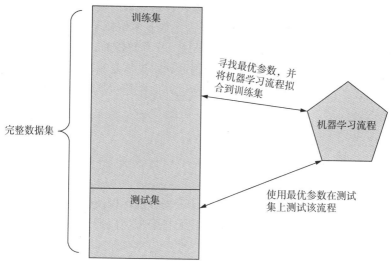

图 9-1 必须依赖训练和测试数据集来验证特征工程工作。我们在训练集上训练特征工程技术,然后将其应用到测试集上,以验证它们在未见过的数据上的表现

9.2.1 特征工程与机器学习模型的选择同样至关重要

在这些案例研究中,有一点是显而易见的,那就是特征工程是行之有效的。这是希望你能深刻理解的核心观点。如果你是数据科学家或机器学习工程师,请多投入一些时间进行特征工程,持续提升性能。这并不仅仅关乎超参数调整和机器学习模型选择。

在机器学习中,我们选择如何改进、构建、选择、提取和学习特征,这些决策都可能对结果产生深远影响。我们最终选择将哪些特征纳入流程,将直接影响流程的性能,这可通过模型的经典性能指标(包括准确率和精度)以及速度来衡量。更少但更高效的特征通常意味着更快、性能更佳，有时甚至是更小的模型。

9.2.2 特征工程并非一劳永逸的解决方案

在多个案例研究中，我们发现一些技术在某些情况下奏效，而在其他情况下则不尽如人意。例如，在第 3 章中使用 scikit-learn 的 SelectFromModel 对象时，我们发现结果基本保持不变。相比之下，在第 7 章中，将相同的模块应用于短线交易算法时，性能急剧下降。同样的技术在不同的数据集上表现迥异。这需要我们保持勤奋，根据假设和前提尝试各种选项，并通过评估性能的具体指标来确认所选的路径是否正确。

9.3 特征工程回顾

让我们回顾一下五个高级特征工程类别，以及在各种案例研究中如何应用它们。希望这有助于我们在未来类似情境中更好地回忆起它们。

9.3.1 特征改进

特征改进工作涉及增强现有特征。我们填充了缺失的数据值，对特征进行了标准化，以确保它们在相同的尺度上，并将 Yes 和 No 等值标准化为机器可读的布尔值。在本书的几个章节中，当需要将特征标准化到相同尺度时，我们在很大程度上依赖了特征改进，使用了 scikit-learn 中的 StandardScaler 模块。

最突出的特征改进例子是数据插补——填充缺失数据。我们采用了许多不同形式的插补，如尾部插补和任意插补。

9.3.2 特征构建

特征构建就是手工创建新特征。通过采用现有特征，将其转换为新的特征，或与来自新数据源的数据进行连接来实现这一点。例如，在短线交易案例研究中，通过引入社交媒体数据构建了与Twitter 相关的特征。这些 Twitter 特征使日内交易模型进入盈利区域。在本书中，我们构建了数十个特征，包括在第 4 章中应用数据转换，以帮助模型克服数据中的固有偏见。

特征构建的示例包括以下几种：

- 数据转换，如 Box-Cox 和 Yeo-Johnson，可影响数据的分布/形状。
- 对数据进行分箱处理，就像我们在第 3 章中所做的那样，从数值和分类数据中创建新的(通常是有序的)数据。在第 3 章中，对大多数数值特征进行了分箱处理，以减小特征可能取值的范围，希望这样能使机器学习流程更容易对COVID-19 的诊断进行分类。
- 领域特定的构建，如第 7 章中的 MACD 特征，第 4 章中的juv_count 特征，或第 3 章中的 FluSymptoms 特征。

9.3.3　特征选择

在案例研究中，我们一直在思考，其中哪些特征可能并不具有太大的帮助？并非所有特征都能起到积极作用，这是可以理解的。类似互信息、递归特征消除和 SelectKBest 等特征选择技术为我们提供了简便而强大的工具，可以自动选择对机器学习流程最有用的特征。

特征选择的几个例子如下。

- SelectFromModel：我们依赖机器学习模型对特征进行排名和选择，基于一定的重要性阈值。
- 递归特征消除：通过对特征/响应运行一个估算器，迭代性地移除特征，直至达到所需的特征数量。

9.3.4　特征提取

一旦掌握了改进、构建和选择特征的技巧，就到了引入主成分

分析和多项式特征提取等高级手段的时候了。这些方法通过对数据
集进行数学变换,帮助我们生成一整套全新的特征,通常与最初的
特征完全不同。

特征提取依赖于数学变换(通常通过矩阵运算或线性代数实
现),将原始数据映射到一组在某种方式上是最优的新特征上。以主
成分分析为例,目标是创建一个较小的特征集,而不会从原始数据
中移除太多信号。图 9-2 显示了 PCA 中进行的数学运算,以降低机
器学习流程中的维度数量。

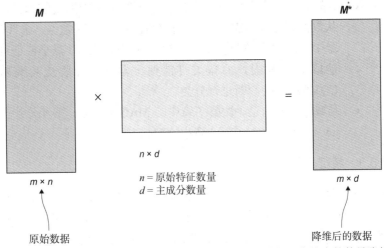

图 9-2　在第 5 章,使用主成分分析生成了一组新的特征,将维度的数量降低
　　　　到一个更易处理的水平,同时尽量保留原始数据集中的信号

下面列举几个特征提取的例子。

- 主成分分析:使用线性代数生成一组新的、较小的特征集。
  在第 5 章,我们使用 PCA 减少了从计数器和 TFIDF 向量化
  器中获得的特征数量。
- 学习公平表示:这有助于将我们的数据映射到一个更公平的
  向量空间,以帮助缓解数据中的偏见,如第 4 章所述。

9.3.5 特征学习

诸如自动编码和使用 BERT、VGG-11 等深度学习特征提取器的技术，在处理文本和图像数据时使性能飙升。在处理非结构化数据时，并不局限于使用特征学习技术，但它们是最常见的解决方法。图 9-3 生动展示了如何利用自动编码器，将原始表格数据输入其中，并通过学习原始特征之间的潜在表示进行压缩，获得更紧凑的形式。

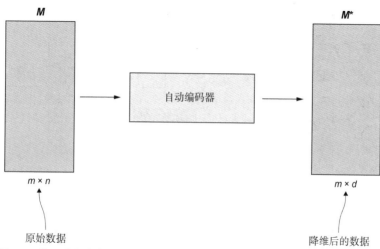

图 9-3 第 5 章还包括一个自动编码器，可对数据进行解构和重构，有助于了解底层原始特征集的潜在表示

下面列举几个特征学习的例子。

● 第 5 章学习了潜在表示的自动编码器。

● 同样在第 5 章，我们使用了预训练的 BERT 来提取它从广泛的预训练中学到的特征。

● 在第 6 章中，当我们使用 VGG-11 模型对图像进行矢量化时，还依赖于预训练学习的特征。

9.4　数据类型特定的特征工程技术

前几章较详细地介绍了如何识别结构化和非结构化数据之间的差异(见图 9-4)。无论我们处理的是经典的行/列结构化数据,还是结构不太明显的非结构化数据,都将决定要使用哪些特征工程技术。

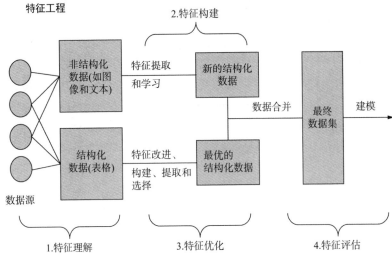

图 9-4　第 1 章中介绍的特征工程流程提醒我们,为在机器学习流程中充分
利用结构化和非结构化数据,需要区别对待这两种数据

回顾第 1 章学习的特征工程流程,我们学到的第一件事情就是如何区别处理结构化和非结构化数据。通过诸多案例研究实际应用这些概念后,我们将再次审视这些理念。还将重新探讨一些对我们有用的主要技术,这些技术可帮助我们提升特征中的有效信号。

9.4.1　结构化数据

本书主要处理的是结构化数据,也就是表格数据。这类数据通常以 CSV 文件、SQL 查询结果等形式存在。处理这类结构化数据时,我们的工具箱中有许多可用的工具。

数据填充

数据填充可能是数据科学家在处理数据时最常用的技术之一。数据可能是杂乱无章的，特别是当数据源不完美时。我们讨论了多种数据填充方法，下面列出其中的两种。

- 均值/中位数填充法：用列中的其他数值的均值或中位数来填充缺失值。
- 任意值填充法：用一个静态的缺失标记来填充值，以表明该值缺失，但仍使得数据点可用。

从分类数据中构建虚拟特征

结构化数据中最常用的特征工程技术之一是创建虚拟特征。这个过程有时被称为独热编码，用于对无序特征进行处理。第 3 章中为患者数据的风险因素创建虚拟特征时使用了这种方法。创建虚拟变量提供了一种将分类数据转换为机器可读格式的方法，但这样做的代价是引入了许多可能会混淆流程的潜在有害特征。

在后续的部分中，我们将更详细地回顾虚拟特征，并介绍不同的用例以及一个有用的技巧，用于判断何时应该对特征进行虚拟化处理，更重要的是，何时不应该对数据进行虚拟化处理。

标准化和归一化

标准化和归一化是改变现有特征值的方法，用于调整数据的尺度。这样做不会对数据的分布或形状产生太大影响，只会改变最小值、最大值、均值等。在第 3 章中应用最小-最大标准化和 Z 分数标准化来处理数据时，就看到了这一点。

数据归一化更多的是将特征映射到一个更便于机器读取的状态。在第 3 章中，还通过将硬编码的"是"和"否"映射到机器学习算法可以理解的布尔值来进行归一化处理。处理来自更多人工来源的数据时，如调查或表格，归一化非常重要。

数据变换

与标准化不同，变换旨在物理性地改变数据的分布和形状。

试图强制特征适应正态分布或关注数据中的偏差时，这可以派上用场。

　　在第 4 章中，对 COMPAS 数据集进行了调查，并发现族裔与其他特征之间存在一些深层次的相关性。这种相关性可能导致引入偏见。为降低这种相关性，同时保持年龄特征的有效性，采用了 Yeo-Johnson 变换(如图 9-5 所示)。令人欣慰的是，这种方法对机器学习性能的影响很小。相比之下，可测量的偏见显著减少。

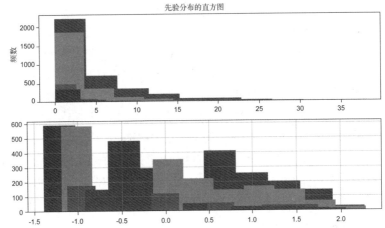

图 9-5　在第 4 章中，我们将 Yeo-Johnson 转换应用于原始数据(上图)以创建先验计数的新分布(下图)，从而使机器学习流程难以在受保护的特征(如族裔)和其他特征(如先验计数)之间建立相关性。在数据集中，被识别为非裔美国人的人比数据集中的其他人有更高的先验计数。这为通过重建先前的计数来引入偏见创造了机会

　　即使在使用插补技术和规范化机器不可读值(完整的特征工程流程如图 9-6 所示)填充缺失数据之后，我们仍然可以应用像 Yeo-Johnson 这样的转换和像 Z 分数这样的标准化技术来进一步优化数据。

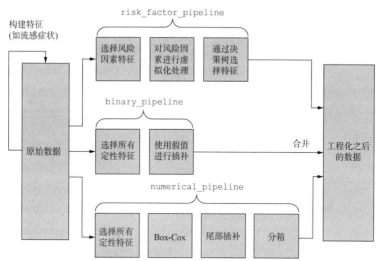

图 9-6 第 3 章中的特征工程流程展示了将原始数据集转化为可供机器学习
流程使用的干净和可用的数据需要付出多少努力

9.4.2 非结构化数据

在本书中，我们处理了三种类型的非结构化数据，分别是文本、图像和时间序列。这些可以说是最难处理的数据类型，因为它们需要进行大量的数据清洗和操作才能达到机器学习流程可用的状态。

文本数据

在第 5 章中，我们需要对带有情感标签的推文进行分类，这个过程称为向量化。我们的目标是将原始的推文文本转化为机器学习算法可理解的数字向量。我们尝试了许多不同的技术，包括词袋向量化和使用从 BERT 中学到的特征(图 9-7)。

图像数据

在第 6 章中，我们读取了原始图像并使用计算机视觉算法来识别图像的内容。我们看到了一些向量化数据的新方法，就像我们在第 5 章中对文本数据所做的那样。我们使用了定向梯度直方图来提取特征，并使用了 VGG-11 深度学习架构来学习图像的特征。与第

5章不同的是,我们进一步使用BERT对VGG-11模型进行了微调(如图9-8所示),以获得更有意义的学习特征。在处理文本和图像数据时,将数据以有意义的方式转化为向量形式,并将其整合到机器学习流程中是至关重要的。

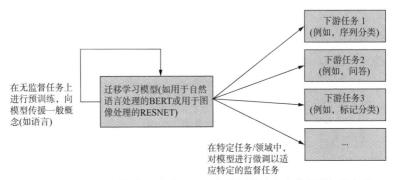

图9-7　我们在第5章中依靠从BERT中学到的特征来获得最好的机器学习序列分类性能

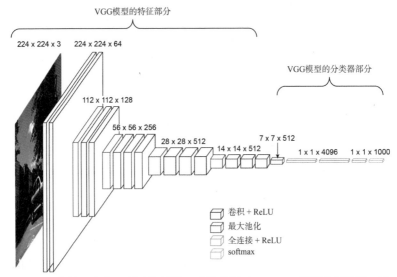

图9-8　在第6章中,通过使用学习到的特征对VGG-11模型进行微调,以获得最先进的物体检测性能

时间序列数据

时间序列数据具有一种奇特的结构，即以行/列的形式进行排列。然而，与此同时，它们又主要是非结构化的。所谓非结构化，指的是我们需要进行大量的特征工程工作，以创建一组适用于机器学习流程的可用特征，如图9-9所示。

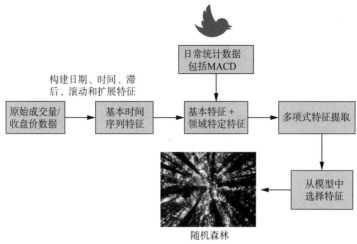

图 9-9 第 6 章的时间序列流程

文本、图像和时间序列数据都有自己独特的方式将数据转化为有意义的信息。然而，作为数据科学家，我们需要通过将设计的特征应用于测试数据集并测量性能的变化来评估工作效果。

9.5 常见问题解答

在这一部分，我想花一些时间来回答一些常见问题。

9.5.1 何时应将分类变量进行虚拟化，而不是将它们保留为单独的列

有时需要将定性变量转换为机器可读的整数或浮点小数的特

征。在第 3 章中，我们将风险因素虚拟化为一个包含数十个二进制
特征的大矩阵。在第 7 章中，我们创建了一个名为 dayofweek 的列，
但并没有对该列进行虚拟化处理。为什么对一个定性列进行了虚拟
化处理，而对另一个列不加处理呢？这归结于数据的级别差异！

为什么不对所有变量进行虚拟化处理呢？

简单地说"把所有东西都虚拟化"是很诱人的。但这将不可避
免地带来更多坏处(而不是更多好处)。对所有列进行虚拟化处理的
弊端更多。

- 优点：
  - 使得一个定性列可以被机器读取。
- 缺点：
  - 创建的特征必然相互依赖。如果一个虚拟特征为 0，可以
    合理推测其他虚拟特征中必有一个为 1。
  - 每个特征不太可能携带大量信号，因此，添加所有这些
    虚拟特征可能给系统增加噪声。如果不减轻这种噪声，
    将导致流程性能的下降。

实际上，那样做唯一的优点是使特征可以被机器读取，而其他
方面都是缺点。对于没有顺序的名义特征(只有类别)，虚拟化特征
几乎是唯一选择。虽然可将名义特征转换为编码整数(0 表示第一个
类别，1 表示第二个类别，以此类推)，但这会给流程带来困惑，因
为它看起来像一个有序列，其中 1 在某种程度上是在 0 之后/优于
0(这不是真实情况)。

警告 永远不应该像处理有序特征那样将名义特征编码为单个整数
特征。

假设有一个包含两列的数据集。
- Month：一个包含时间序列的有序列。
- City：一个无序列。

由于 Month 是有序的，我会使用 sklearn.preprocessing.LabelEncoder

进行编码；由于 City 是无序的，我会依赖 pandas.get_dummies 或
sklearn.preprocessing.OneHotEncoder 为每个已知类别创建独热编码
(虚拟特征)。如图 9-10 所示。

Index	Month(有序列)	City(无序列)
0	December	San Francisco
1	January	Istanbul
2	March	Karachi

Index	Month (已编码的有序列)	San Francisco (虚拟)	Istanbul (虚拟)	Karachi (虚拟)
0	12	1	0	0
1	1	0	1	0
2	3	0	0	1

图 9-10　名义特征应该变成虚拟变量，而有序特征则应保持为单个编码特征

对于有序特征，不必对值进行虚拟化处理；通过简单地将类别
编码为整数(0、1、2 等)，我们在系统中保持了顺序，不需要在系统
中添加新的虚拟特征，因为那样可能带来噪声。

要点

我们学到了以下内容：

- 如果特征是无序的，应对其进行虚拟化处理(可使用
  pandas.get_dummies、sklearn.preprocessing.OneHotEncoder
  或 sklearn.preprocessing.MultiLabelBinarizer)。
- 如果特征是有序的，不要对其进行虚拟化处理；相反，将
  其编码为整数。

9.5.2　如何确定是否需要处理数据中的偏见

这确实是一个棘手的问题，但一开始就有一些经验法则可以考

虑。请记住，尽管偏见通常是在人的背景下考虑的，但实际上是对某事物的过分偏好或反感；这可能涉及人，也可能与人无关：

- 数据点是否直接代表人类个体(就像第 4 章中的 COMPAS 数据集那样)？
  - 如果是，那么数据中是否包含任何受保护的变量？这可能包括性别、族裔和年龄。
- 数据的响应是否有主观性？在第 5 章的航空公司情感数据中，如果人们对积极或消极的定义存在分歧，那么可以被视为主观性。
- 数据源是否不能很好地代表最终将应用模型的人群？换句话说，你的训练数据是否与最终应用模型的数据不相似？

如果你对前面的问题中的任何一个回答了"是"，那么你的数据集中很可能存在偏见。在 9.7 节中，你将找到关于人工智能/机器学习中的偏见的更多资源。

要点

偏见并不总是像 COMPAS 数据集中的那样明显。鼓励你深入思考你的数据和流程对人们生活的影响，并做出合理判断。

9.6 其他特征工程技术

本书无法涵盖每一种特征工程技术，但可为读者简要介绍另外三种常见的技术。虽然即使这样也无法涵盖所有内容，但我的首要目标是赋予你自我诊断和分析数据的能力，以便你可以继续进行研究或自主学习。

9.6.1 分类虚拟桶化

有一种不太常见的技术，如果适用的话，可能会非常有帮助。它被称为"分类虚拟桶化"，是将特征值进行分桶并对这些桶进行虚拟处理的结合体。这类似于第 3 章在 scikit-learn 中的 KBinsDiscretizer

类引入的分箱思想。

假设有一个带有 City 列的数据集，就像在上一节的最后一个例子中一样。每个值都是代表一个城市的字符串。城市有很多，所以也许我们不希望为每个城市创建一个虚拟变量。为什么呢？因为正如之前提到的，这可能导致数据集中特征数量激增，可能引入大量噪声。因此，可以采取以下方法。

(1) 对无序特征(City)进行分桶，划分为较大的类别。可将其分为两个类别：西半球和东半球。

(2) 一旦有了分桶，就可创建较大类别的虚拟变量，而不是使用原始的特征数值。

图 9-11 展示了如何从一个充斥着世界各地许多城市的 City 列，转变为两个更大的虚拟桶，即西半球或东半球。

Index	City(无序列)
0	San Francisco
1	Istanbul
2	Karachi

Index	西半球(虚拟桶)	东半球(虚拟桶)
0	1	0
1	0	1
2	0	1

或

Index	西半球(虚拟桶)
0	1
1	0
2	0

图 9-11　无序特征应该被转化为虚拟变量。在两个类别的情况下，我建议移除其中一个虚拟变量，因为在这种情况下它们是 100%相关的。一个特征为 0 意味着另一个特征为 1

注意 对无序特征进行虚拟化时，可选择性地省略其中一个虚拟特征。这是因为如果流程包含了其他虚拟特征的值，它可以100%的准确率预测出我们省略的那个。从理论上讲，我们几乎不会失去任何信息。对于大量特征(如 $x>10$)，这可能不会导致很大的差异，但如果类别少于 10 个，这可能是值得考虑的。

并非所有的无序特征都可以进行虚拟桶划分，这应该由负责项目的数据科学家或机器学习工程师决定。主要考虑因素是，基于桶划分的性质，我们有意忽略了特征值的粒度。旧金山变得和里约热内卢完全相同，因为它们都在西半球。这对于你的机器学习问题是否合适？我们是否需要制定更详细的桶以便给流程提供更多信号？我无法回答这个问题，因为我不了解你独特的问题，但我鼓励你思考一下。

要点

类别虚拟桶是一种在对无序特征进行虚拟化时，避免盲目创建虚拟特征的有效方式。然而，请注意，将细致值压缩成更大的桶或类别时，可能会损失一些数据。

9.6.2 将学到的特征与传统特征结合

在第 5 章和第 6 章中，我们处理了图像和原始文本作为主要数据来源，最终依赖于最先进的迁移学习技术和深度学习模型(如BERT 和 VGG-11)，将原始文本和图像向量化为固定长度的向量。这两个案例研究都做了一个粗略的假设，即仅凭文本和图像就足以执行任务。这两种情况下，这可能是正确的，但如果在第 5 章中我们想要将向量化的文本与有关推文的其他特征(如推文中的提及次数或推文是否为转发)相结合又会如何呢？

有两个基本选项(见图 9-12)：

- 可将向量化的文本与传统特征的向量连接起来，形成一个更长的信息向量，传递到机器学习流程中。

● 将文本和特征组合成一个特征丰富的文本，我们可对其进行向量化，并在流程中使用。

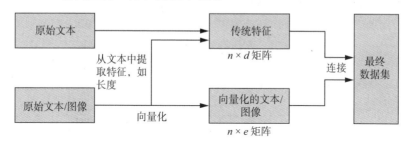

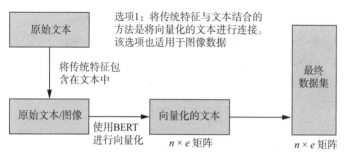

选项1：将传统特征与文本结合的
方法是将向量化的文本进行连接。
该选项也适用于图像数据

选项2：将传统特征与文本结合的方法是
创建一个特征丰富的文本，将其向量化并
用于机器学习流程。由于实际上无法将特
征融合到一个特征丰富的图像中，因此此
选项仅适用于文本

图9-12 两个基本选项

当其他特征处于比率/区间层次时，选项 1 更受欢迎，而当其他特征是名义/序数层次时，选项 2 更受欢迎。

使用 scikit-learn 中的 FeatureUnion 类或简单地使用 pandas 来连接数据是很容易的。选项 2 可能有点困难，因此让我们看一下一些创建丰富特征文本的代码，使用第 5 章中相同的 Twitter 数据。首先使用代码清单 9-1 中的代码导入上一章中的推文数据。数据集可在图 9-13 中看到。

代码清单 9-1　从第 5 章获取推文

```
import pandas as pd

tweet_df = pd.read_csv(
    '../data/cleaned_airline_tweets.csv')          从第 5 章
                                                   导入推文
tweet_df.head()
```

	text	sentiment
0	@VirginAmerica What @dhepburn said.	neutral
1	@VirginAmerica it was amazing, and arrived an ...	positive
2	@VirginAmerica I <3 pretty graphics. so muc...	positive
3	@VirginAmerica So excited for my first cross c...	positive
4	I ♥ flying @VirginAmerica. ☺👍	positive

图 9-13　导入在第 5 章使用的原始推文数据集

既然我们已经获取了推文数据，下面开始添加一些在第 5 章中没有构建的新特征。首先使推文中的表情符号形成一个列表，如代码清单 9-2 所示。

代码清单 9-2　计算表情符号的数量

```
import emoji                                          使用一个名为 emoji 的
                                                      包。要安装该包，请运
english_emojis = emoji.UNICODE_EMOJI['en']            行 pip3 install emoji


def extract_emojis(s):              ◄─────────────────────────────────┐
    return [english_emojis[c] for c in s if c in english_emojis]

                                                      将表情符号转
tweet_df['emojis'] = tweet_df['text'].map(            换为英文单词
    lambda x: extract_emojis(x))    ◄─────────────────────────────────┘

tweet_df['num_emojis'] = tweet_df['emojis'].map(len) ◄────┐
                                    计算推文中使用的表情符号数量
```

有了新特征 num_emojis，让我们再创建一些新特征(见代码清单 9-3)。

- mention_count：这是一个比率层次的整数，用于计算推文中提及的次数。
- retweet：一个名义布尔值，用于跟踪推文是否为转发推文。

代码清单 9-3　计算提及次数和是否为转发推文

```
tweet_df['mention_count'] = tweet_df['text'].map(          计算推文中
    lambda x: x.count('@'))        ◀                       提及的次数


tweet_df['retweet'] = tweet_df['text'].map(               布尔值，表示推文
    lambda x: x.startswith('RT '))        ◀               是否为转发推文


tweet_df.head()
```

现在有了三个新特征，代码清单 9-4 将展示如何创建一个包含原始推文文本以及我们刚创建的三个特征的文本对象。通过构建这个特征丰富的文本，使深度学习算法能从这些特征中阅读和学习，而不必明确将它们指定为列特征。

注意　我并不断言这些特征肯定会成为用例的信号。我只是简单地创建这些特征，作为创建特征丰富的文本的示例。

代码清单 9-4　创建特征丰富的文本

```
import preprocessor as tweet_preprocessor
                                                使用我们在第 5 章中使
# 移除 URL 和提及(mention)                       用的相同推文预处理器
tweet_preprocessor.set_options(
    tweet_preprocessor.OPT.URL, tweet_preprocessor.OPT.NUMBER
)
                                            一个函数，接收一行数据，并创建
                                            一个包含所有特征的单一文本
def combine_text(row):        ◀
    return f'tweet: {tweet_preprocessor.clean(row.text)}. \
```

```
mention_count: {row.mention_count}. \
emojis: {" ".join(row.cmojis)}. \
retweet: {row.retweet}'
```

> 对这个特征丰富的文本进行
> 向量化，而非使用原始文本

```
tweet_df['combined_text'] = tweet_df.apply(
    combine_text, axis=1)
```

```
print(tweet_df.iloc[4]['combined_text'])
```

```
tweet_df.head()
```

该过程的输出是一段特征丰富的文本(见图 9-14 中的 combined_text 特征)，其中包含如下内容：

- 推文
- 提及的次数
- 英文表情符号的列表
- 是否为转发推文

```
tweet: I ♥ flying @VirginAmerica. 😊👍. mention_count: 1. emojis:
:red_heart: :smiling_face: :thumbs_up:. retweet: False
```

	text	sentiment	length	emojis	num_emojis	combined_text	mention_
0	@VirginAmerica What @dhepburn said.	neutral	35	[]	0	tweet: @VirginAmerica What @dhepburn said.. me...	
1	@VirginAmerica it was amazing, and arrived an ...	positive	80	[]	0	tweet: @VirginAmerica it was amazing, and arri...	
2	@VirginAmerica I <3 pretty graphics. so muc...	positive	83	[]	0	tweet: @VirginAmerica I <3 pretty graphics....	
3	@VirginAmerica So excited for my first cross c...	positive	140	[]	0	tweet: @VirginAmerica So excited for my first ...	
4	I ♥ flying @VirginAmerica. 😊👍	positive	31	[:red_heart:, :smiling_face:, :thumbs_up:]	3	tweet: I ♥ flying @VirginAmerica. 😊👍. mentio...	

图 9-14　特征丰富的文本以及最终 DataFrame 的示例

现在，可使用 BERT 或其他文本向量化器来向量化新的特征丰富的文本，并将其用于替代简单的文本向量化。像 BERT 这样的较新深度学习模型在识别特征丰富的文本的不同特征方面表现更好，但像 TfidfVectorizer 和 CountVectorizer 这样的向量化器仍可正常使用。

要点

将传统的表格特征与原始文本特征结合在一起可能带来麻烦。实现迁移学习的一种方式是将它们合并成一个大的、特征丰富的文本特征，让深度学习算法(如 BERT)自动学习特征之间的交互。

9.6.3　其他原始数据向量化器

第 5 章和第 6 章分别介绍了用于向量化文本和图像的基础 BERT 和 VGG-11。然而，这些只是在处理文本和图像时的一部分选择，我们甚至没有涵盖其他形式的原始数据(如音频)的向量化器。在 Hugging Face 这个人工智能社区中，有一个我们可在机器学习流程中使用的模型仓库。要查看它们，请访问 https://huggingface.co/models(如图 9-15 所示)，并按照功能提取器进行筛选。

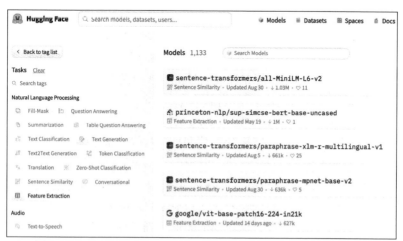

图 9-15　Hugging Face 拥有一个可使用的模型和特征提取器的仓库

下面列出一些我认为有用的替代特征提取器。

- https://huggingface.co/sentence-transformers/all-MiniLM-L6-v2：将文本映射到一个 384 维向量空间。该模型非常适用于聚类或语义搜索等应用。

- https://huggingface.co/google/vit-base-patch16-224-in21k：Google 的 Vision Transformer 是一个 Transformer 编码器模型(类似于 BERT，但用于图像)，在一个名为 ImageNet-21k 的大型图像集上进行了预训练，分辨率为 224×224 像素。

- https://huggingface.co/roberta-base：RoBERTa 是一个在大型英语数据语料库上以自监督方式预训练的模型。它类似于 BERT，专门用于处理文本，不同之处在于 RoBERTa 更大，且训练数据更丰富。

要点

探索不同的文本、图像和其他形式的原始数据向量化方法，找到适合你和你的用例的方法！类似 Hugging Face 的仓库是集中获取信息的良好来源。

9.7　扩展阅读

当然，仅成功完成本书并不意味着你的学习经历就此结束！下面列出一些其他资源，可在你成为最敏锐和全面发展的数据科学家/机器学习工程师的道路上提供帮助！

- *The Principles of Data Science*(2nd ed.)是我所写的一本入门教材，旨在帮助你学习数据处理技术和数学知识。你可通过以下链接查看该书：https://www.oreilly.com/library/view/principles-of-data/9781789804546/。

- *MLOps Engineering at Scale* 是 Carl Osipov 编写的一本指南，旨在利用主要云提供商的无服务器功能，转化你的实验性机器学习代码从而用于生产环境。请参阅 https://www.

manning.com/books/mlops-engineering-at-scale。

- *Machine Learning Bookcamp* 由 Alexey Grigorev 所著，书中呈现了现实、实用的机器学习场景，并清晰地涵盖了那些希望开始学习机器学习的人需要了解的关键概念。请参阅 https://www.manning.com/books/machine-learning-bookcamp。

- 一些用于处理偏见的更多实战项目包括：
  - Mitigating Bias with Preprocessing——https://www. manning. com/liveproject/mitigating-bias-with-preprocessing
  - Mitigating Bias with Postprocessing——https://www.manning. com/liveproject/mitigating-bias-with-postprocessing
  - Measuring Bias in a Dataset——https://www.manning.com/ liveproject/measuring-bias-in-a-dataset

9.8　本章小结

- 特征工程是一个广泛的研究领域，没有哪种单一技术可解决所有问题。为熟练掌握特征工程技术，需要不断地实践，需要耐心地对新技术进行研究。

- 特征工程的基本过程如下。
  - 从一个或多个来源收集可用的数据。
  - 将数据合并，并转换为结构化的定量特征。
  - 尽可能填充缺失值。
  - 删除缺失值过多的特征。
  - 对特征应用转换，为机器学习流程创建信号尽可能多的数据集。
  - 建立模型以测量流程的性能，并根据需要重复前面的步骤。

- 更多数据并不见得更好，而较小的数据集也不见得更高效。每个机器学习场景都有其独特之处，每位数据科学家都可能有他们自己的优化指标。始终应衡量那些重要的指标，并摒弃任何不能优化这些指标的技术。

- 特征工程是一种创造性的实践。出色的工程师通常是这样的：能仔细分析数据，并基于对问题的领域知识构建/学习有趣的信号/特征。